无畏成长

段芳 著

新职场
女性成长 **7** 堂课

东方出版中心

图书在版编目（CIP）数据

无畏成长：新职场女性成长7堂课 / 段芳著. 一上
海：东方出版中心, 2023.1

ISBN 978-7-5473-2144-7

Ⅰ.①无… Ⅱ.①段… Ⅲ.①女性－成功心理－通俗
读物　Ⅳ.①B848.4-49

中国版本图书馆CIP数据核字（2023）第008807号

无畏成长：新职场女性成长7堂课

著　　者	段　芳
策　　划	刘佩英
特约策划	梁晓雅
责任编辑	徐建梅　周心怡
特约编辑	吕颜冰
版式设计	钟　颖
封面设计	青研工作室
插　　画	周　桃

出版发行	东方出版中心有限公司
地　　址	上海市仙霞路345号
邮政编码	200336
电　　话	021-62417400
印 刷 者	山东韵杰文化科技有限公司

开　　本	890mm×1240mm 1/32
印　　张	8.75
字　　数	155千字
版　　次	2023年2月第1版
印　　次	2023年2月第1次印刷
定　　价	78.00元

推荐序

有句话说："你的气质里藏着你读过的书，走过的路，遇到的人和所有的经历。"

初次和段芳见面是在我的办公室里。彼时，她服务于国内一家领先的女性发展平台，负责对接大咖老师。她说话的声音虽然不大，但是神情笃定。听别人说话的时候，她恬静、姿态谦逊、眼神自信。

这样一位女士，原生家庭一定很好，童年一定很幸福吧？

恰恰相反！因为受家里重男轻女观念的影响，童年时的遭遇让她变得敏感而自卑。后来是怎样的经历让她实现了从敏感、自卑到独立、自信的蜕变呢？答案就在这本书里。

在本书中，她用大量的篇幅系统地阐述了女性该如何确立目标、管理情绪、平衡事业和家庭，以及发展女性领导力等。

文章的核心内容来自她对自己过往经历的反思、反省、剖析，萃取她对若干成功女性的访谈内容，以及对发生在身边的人和事细致入微地观察和思考。因此有温度、有高度、有格局，也有细节。同时书中提到的经典书籍、实用工具、清晰的方法论和丰富的图表和清单也是本书的一大亮点，让你一看就能懂，看完就能用。

来吧！看一个乡村女孩如何从敏感、自卑到自由绽放。这本书，你值得拥有！

卢山

采购供应链专家、企业管理咨询顾问

无畏成长，活出光芒

你好，我是段芳，感谢你翻开这本书。

很多朋友知道我，最开始是因为我的教育背景：复旦大学本科、香港大学硕士。我出生的家庭条件并不好，需要依靠读书改变命运。毕业后我也有过迷茫，曾做着朝九晚五的工作，还需要照顾家庭和孩子，频频遇到工作和家庭平衡的问题。

心中怀有梦想，却不得不考虑骨感的现实……

然而，这个世界不是比谁更惨，而是如何在现实里找到一线生机和希望，通过自身不断成长，实现想要的人生。我自主创业专注于做女性辅导，并且小有名气；同时我还努力经营家庭关系，距离所谓女性"成功"更进一步。更重要的是，我战胜了自己，完成了从职场人——自由职业者——创业者的身份转变：

2020 年，通过在领英平台写职场女性成长文章，我获得了

"领英年度行家"称号，成为领英专栏作家，参与的视频在微博热搜获 5500 万次阅读量，并成为领英线下汽车广告宣传"大使"；

2021 年，我获得了金鸥奖新锐创业人物奖项，并为多家知名企业开创女性俱乐部，担任企业内训女性成长培训导师；

2022 年，我受邀作为《女性创业　关键定义和通用准则》国家标准化技术性指导文件评审专家，并帮助女性线上创业；

······

回顾过往，这一切得益于我不断成长。哪怕点滴收获，都应该为自己鼓掌！如果说外在标签来自社会评估体系，那么真正让我获益的，是我逐渐走向内在觉醒的个人成长。

曾有朋友问我：你在哪一刻产生了顿悟，或者生命的觉醒？回味往事，曾有三个瞬间给了我极大的启发和领悟，分享给你。

（一）跨越心中那座"大山"

我的原生家庭中，长辈有厚重的重男轻女的思想。身为女孩的我，从小得到的是长辈对我性别身份的否定。家庭经济状况很差，父亲常年在外打工，母亲则通过借钱供我和妹妹读书。因此，我懂事得很早，小小年纪就开始烧饭、做家务，帮助经常干农活到天黑的母亲减轻负担。

令我印象最深的，莫过于那座"心中的大山"，它给我带来了生命本质的启示。上小学后，我每天要爬过家后那座大山去镇上读书。因为没有同伴愿意晚回，当轮到我值日时，只能一个人摸黑回家。放学路上，我会经过池塘、经过坟墓，爬上山顶后再缓缓下山到家。运气好的时候，会有月光陪我前行；运气不好的时候，会因为踩到石头而滑倒；还曾在山顶遇到奇怪的动物向我走来，我拼了命似的往家跑……在那一刻，我顿感生命如此地脆弱，强烈的求生欲望在我心中冉冉升起，我只想保护好我仅有一次的宝贵的生命。

遭遇亲人否定，面对现实恐惧，来到生命边缘，能救我们的，只有我们自己。只要我们愿意释放本自俱足的智慧和勇气，就能跨越心中那一座又一座的"大山"。

（二）听从内心召唤与指引

我经历过两次职业迷茫，一次是入职初期懵懵懂懂，另一次则是人到中年，思考余生，何去何从。面对日复一日、一眼望到头的采购工作，我对人生下半场要做什么事业、去往什么方向，毫无头绪。

直到参与一次线下女性分享活动，我看到舞台上的女性光芒四射，拿着话筒，由衷地分享自身经历和感悟，我被深深打动！从那一刻起，我决定要成为一个生命影响生命的人，解决女性事业中的难题。

如果说我的人生上半场是为别人而活，站在社会标准里，那么人生下半场来临时刻，我希望由自己决定。思考再三，我决定裸辞。

现在回想起来，如果没有辞职，就不会遇到新的机会、确定新的人生方向，更不会有我现在如此坚定和热爱的事业，这都是听从内心声音、平衡现实、接受生命召唤和指引而得来的。

只要我们愿意敞开心扉、接受召唤、迎接挑战、积极改变，便能身心合一并在人生下半场发挥天赋，活出真实愿景和使命，让梦想照进现实。

（三）在成长中绽放光彩

如果人生有一个不变的主题，那便是成长。

我离开职场的第一年，缺乏转型路径，开始选择在各大网络平台打造个人品牌。最开始和大部分人一样，在今日头条、知乎、喜马拉雅、领英等不同平台对女性成长做内容输出。经过一段时间比较，我便锁定领英平台，因为职场女性是我特别想要帮助的群体。

于是，我一边大量做女性职业咨询，一边在平台分享我的所见所闻、所思所虑。最开始只是写 100 多字的短文，后来已经可以一气呵成地完成一篇 2000 多字的长文。它告诉我一个道理，便是刻意练习，即在一件事情上下足功夫，你就能拥有穿透它的力量。

这个过程最难的不是刻意练习，而是克服人性的弱点，比如：畏难、不断地输入输出、情绪化、懒、对未来不确定性发展心力不足等。

为了完成日更文章，我在很多个犯懒、畏难、穷尽智慧的日子里，不惜在夜里 11 点与自己的人性对抗，拍拍自己充满睡意的脸，把文章坚持完成并不断修改到满意为止。

不到一年时间，在 2020 年 12 月的某一天，我收到了领英平台榜单人物的致贺信。在收到信的那一刻，我没有惊喜若狂，而是潸然落泪。感动的原因不是我获得了荣誉，而是通过这件事，我战胜了自己。

以上三个时刻，用一句话来总结，我想会是：跨越内心恐惧的"大山"，跟随内心的指引与召唤，克服人性上的弱点，你就能拥有属于你的"英雄之旅"。

结语

如果生命是一条项链，那成长便是串起珍珠的线，珍珠便是我们生命中大大小小发生的事件。每一位女性，都值得被看见。

我在帮助辅导过的女性身上有这些发现：

人生没有方向，很迷茫，通过设立愿景和目标，她们便不再迷茫；

工作与家庭需要平衡，通过分阶段进行与时间管理，她们便学会了取舍，更好地兼顾工作与家庭；

职场遭遇 PUA、情绪崩溃，通过情绪梳理，从底层释放情绪、管理情绪，达到情绪稳定，拥有内心力量，她们更能轻松应对；

走向台前，缺乏勇气，通过鼓励和安全感设立，她们在台前大放异彩，她们做到了；

在职场升职加薪、做好职业转型决策，通过职业规划、能力划分，她们找到适合自己的发展路径图；

想要成为女性高管，修炼卓越领导力，通过建立女性领导力思维，积极应对挑战，她们成为优秀的领导者；

……

这些都是我辅导过的学员案例，在这本书里，会为你详细解读，通过思考与练习，解决你可能会遇到的职场难题。

我希望通过此书给你带去信心与希望、目标与路径，帮助你拥有本自俱足的力量，活出本该属于你的智慧与勇气！

如果一直这样成长，你会成为谁？答案，在你心里。

段芳

2022 年 12 月于上海

目 录　| Contents

第1堂 女性目标课

一、愿景清单:
3 个方法找到生命中的清晰愿景

什么样的女性才算得上觉醒女性？相信每个人拥有不同的答案。

而我的答案是：清醒、坚定、有力量，心中拥有爱和光芒。

无数职场女性向我咨询时，被我问道：你想成为怎样的自己？这个问题不好回答，激起了她们更深层的思考。还有些人好像从来没有想过这个问题，面对问题哑口无言，我想对她们来说这是一个很好的契机。很多人迷茫也就是因为没有想过这个问题，整日忙忙碌碌，生活过得太不容易了。

图 1-1　什么样的女性才算得上觉醒女性？

如果知道为什么而活，你会清醒很多，就不容易被他人影响，也不容易随波逐流。这种笃定的心态会让你充满平静的力量。

如果你此刻正处于迷茫当中，这堂课为你而写。不管你正身处职场还是遭遇职业转型不知何去何从，都没关系。你正在经历的我都曾经历过或在学员咨询中遇到过，相信我的经验对你同样有帮助。因为有些东西不能由金钱来衡量，它关乎我们的生命主线和人生意义，是我们的精神内核和要去往的方向。

如何找到生命中的愿景？这里有 3 个方法。

冥想

此刻跟随我闭上眼睛，把书放在边上，开始进行吸气，再慢慢地呼出气，将大脑先清空，回到呼吸当下。

大脑中慢慢想象你未来 5 年，或者 10 年最期待的画面。画面不限，只要是你想要的场景都可以。

然后，将这个画面画在纸上，并写上你的感受。

曾有很多学员通过这个方法找到她此刻最期待的画面，比如有的学员的画面是和家人一起在海边度假，和孩子堆沙子，一家三口手牵着手看夕阳，有的学员的画面是坐在家里一边听音乐一边在阳光下看书，还有的学员画面是成为中国区人力资源总监，带领一个很大的团队，正在会议室开会。

图 1-2　冥想

　　我也曾在想象过这个画面——我正站在大舞台上对着很多女性分享自己的经历和人生感悟。

　　看到这里，不妨把你刚才想到的画面画下来，并写下你的真实感受。

视觉化愿景清单

　　一位教练朋友说过一个令我印象深刻的观点：当我们遇到一个问题时，那个问题就像我们手上拿着的一面镜子。镜子直面我们，让我们心生焦虑，而我们往往忽略了镜子背面的含义。当我们看着一面镜子时，只是盯着一个问题不断思索，其实在镜子背后拥有着空性[1] 的智慧，拥有着"无限"。每面镜子背后有且不止一个问题的答案，看我们是否有去认真思考并持续探索，只要不放弃寻找答案，便能生发无限的可能性。

如果你正在迷茫，或者正在找寻生命的意义和目标，那么视觉化愿景清单值得你花时间静下心去做一做。

图 1-3　视觉化愿景清单

写下你想要拥有的一切，比如职业发展、家庭生活、孩子教育、人脉关系等。你想要的都可以画在纸上，涂上颜色，或者从杂志上剪下相关的图片贴上，以此来丰富你的人生愿景图。

当你把想要的一切画面视觉化了，你想要的人生就会越来越饱

1　空性，佛教用语，指万物最本质的东西。

满。可能你会问，我实现不了怎么办？我想说，不要忽略内心的力量，不要被外界条件所限制，你的心会带你去向那里，哪怕不能百分之百如愿，也不会偏离本心和内心追求，但前提是你需要知道你正在苦苦追寻什么。心的作用有时远远优胜于大脑理性的思考，特别在面对人生方向选择时，跟随内心不容易偏航。画出这些人生愿景后，可以贴在你经常看得见的地方，比如床头、写字桌前，或者常常拿出来看看，大脑形成重复记忆，有利于思考实现的路径，让潜意识来指挥你的行为，你会离想要活成的样子越来越近。这种方法简单易操作，你马上就能做到。

榜样人物参考

如果说冥想和视觉化愿景清单是由内及外走心的方法，榜样人物参考法则是由外更迭自我的另一种方法。任何时候，人的认知和视野都有一定局限性，所以去参照所认识的榜样人物是我们找到人生目标最高效的灯塔。接下来分享榜样人生参考法，分为五个步骤：

第一步，找到 3~5 个感兴趣并欣赏的人物对象，把他们（毫无疑问其中包括女性榜样，下同）的名字写下来；

第二步，分别写下他们做的事情，最吸引你的特征、成就事件；

第三步，写下他们身上具有的本领、优势；

第四步：写下自己想拥有他们身上哪些本领或优势，想达到的成就或状态是什么；

第五步：写下这些本领或优势、成就或状态跟你还有多少差距，你通过什么方法可以实现。

在这里榜样人物性别不限，找到这个人身上想达成的某些特质或成就事件，如果你能过上这个人的生活，实现你想要的成就，就达到了我们的目的。

表1-1　我人生不同阶段的榜样人物

榜样	成就事件	我的榜样阶段	榜样最吸引我的优势	我已达成状态
榜样1：母亲	运用一切资源，不断突破，从农村到上海	24 岁前	勇敢、能吃苦、有想法、不设限、爱	来到大上海
榜样2：恩师	专业写作，领英行家	25~34 岁	创作力、低调勤勉有内涵、精进坚持	成为领英行家
榜样3：前老板	从重男轻女家庭到成立自己的企业	35~44 岁	善用人脉、有野心、知进退，真诚	成立公司
榜样4：某企业家	为社会创造价值，行善捐款	45 岁后	创造社会价值、三观正、受人尊敬	未知

不妨抽时间，静下心来，罗列出你的榜样人物，以及你想要达成的成就或阶段性状态。相信你一定会找到答案。这是我认为最快，也最高效找到阶段性愿景或目标的方法之一。你可以直接参照别人，甚至复制榜样人物的成长路径，以此来减少自己摸索的时间。因为有时候依靠自己并不一定能想得明白。当然，也要考虑自己的现实情况、实力和资源是否能够支持你实现梦想，对自己要做一个综合性的评估。如果有一半以上的把握，建议你不妨现在就尝试一下。

二、生涯设计：
4 种生涯曲线，找到你生命中真正要做的几件事

如果仔细观察身边的人，我们的父母、老师、同学，以及同事、榜样人物，你会发现我们的生命如此的相同，相同到每天都拥有24 个小时，都需要工作、吃饭和睡觉；相同到生命的节奏都是儿时读书，成人后工作，结婚立业，养育孩子，然后退休养老等；相同到作为女性的我们要生儿育女，一边工作一边照顾家庭，甚至回归家庭做全职妈妈，回到职场困难重重，在追求自我与世俗的限制中挣扎。这相同的生命进程背后又充满着各自的不同：性格不同、追求不同、生命节奏不同、领悟能力和认知不同，以及经历和改变的时机不同。前者是生命和社会的规律，后者是每个人的不同造化，它可以按照自己的想法进行选择与变化。

电影《超体》[1]在一开场便讲述了物质世界的生物变迁，人类从原始社会进化。千百年来，被赋予了眼耳鼻舌身意，也就是视觉、听觉、嗅觉、味觉、触觉和感觉。其中人和动物最大的不同是人类有精神世界，有意识，有高维的感知能力。如果能从高维度去看我们

1　法国导演吕克·贝松执导，斯嘉丽·约翰逊、摩根·弗里曼、崔岷植主演的动作片，2014 年7 月25 日在法国上映。影片讲述一位年轻女人被迫卖毒，虽受迫害，但她以超于常人的力量，包括心灵感应、吸收知识，成了无所不能的"女超人"。

生命的进程和演变，去看规律和自身的可变量，去看人与人之间的不同选择，你会找到自己存在的意义，也就是我们经常问自己的几个问题：我是谁，我从哪里来，我要去哪里？能问这三个问题的人，都是走到了意识觉醒的萌芽阶段。

在这里，我们来看看不同人的生涯模式。查尔斯·汉迪的《第二曲线》[1] 中的 4 种生涯模式可以涵盖大部分人在职场的生涯曲线。每一种曲线背后涵盖了我们的愿景、追求的生存模式、拥有的个性等，它会给我们一些参照和洞察。

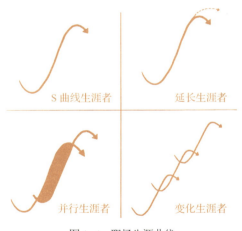

图 1-4　职场生涯曲线

1　[英] 查尔斯·汉迪. 第二曲线：跨越"S 型曲线"的二次增长. 苗青译. 北京：机械工业出版社，2017.

S 曲线生涯者

这种类型相对安稳、保守。按照从一而终的传统做法，过去很多人选择去做公务员、银行专员、医生、护士等工作。作为女性，拥有稳定的工作也就代表着一生不愁，至少看起来实现了经济独立，也能寻个门当户对的另一半。

延长生涯者

所谓延长生涯者，即在原来职业发展的基础上开辟新的职业发展高峰，继续发光发热。有一次我在哈佛大学上海教学中心校区参加线下论坛分享活动，其中一位嘉宾是来自上海知名医院的主任医师。她在儿科工作 40 多年，身经百战，专业能力极强。随着年龄增长，她选择在退休后继续发光发热，学习在博客上分享自己儿科方面专业的经验，解答比如孩子发热妈妈该怎么做等提问。她在博客和门户网站拥有大量妈妈用户的关注者，做起了育儿界的 KOL（关键意见领袖），将自己的职业发展推向了新的顶峰。不光是她，很多拥有一技之长的人在取得一定成绩后，选择运用自身专业能力培养新的一代，或者陪伴一部分有需要的新人创造新的人生价值。比如舞蹈老师开场馆教孩子们跳舞；运动员退役后成为专业体育教练培养新的运动员；瑜伽老师在网上用视频的方式开瑜珈训练课；咨询师用专业能力培养更多咨询师等。

并行生涯者

又称斜杠青年，打造副业的人群。越来越多的女性在工作之余培养自己的兴趣爱好和专业能力，并想办法将一技之长进行变现。这几年大家利用平台和朋友圈曝光兴趣爱好，比如在"在行""知乎"做专业的咨询服务，在朋友圈做微商等。人与人之间的链接不再仅限于工作与家庭，而是进入了六度人脉的超级个体时代。一边工作一边进行副业变现，在我身边就有很多这样的女性。一旦副业收入比主业还多，她们就可以辞去主业去做副业。并行生涯也是替代主流的一种较为稳妥的模式。

变化生涯者

从职场人士转变为自由职业者，未来打算成为创业者等，这就是变化生涯者，将选择权牢牢抓在自己的手心里。这十几年来一直出现各种时代红利，比如 10 年前盛行 QQ，后来盛行微信。大家最开始利用微信发朋友圈做微商，再到现在大家做个人品牌创业。不难发现，能抓住时代红利的人就能脱颖而出，富裕起来。我自己带的学员中就有不少人从企业底层做到总监级别。过去在职场换岗，积累了资深的专业能力和实操经验，现在离开职场，用自己的专业和经验去帮助相同职业经历的人。

　　每个人都有不同的生涯路径，人生不止一条路可以走，选择比努力更重要。符合自己性格和人生期望的，就是最好的路径。我们需要打开思路，重新制定人生战略图。那些脱颖而出的女性，无非是知道自己要做什么事业，未来的发展方向想要去往哪里。定位了自己人生价值观的人，她们清醒地走在自己制定的人生目标里，不断发力活出自己想要的人生。我们每个人都拥有重塑生命、突破自我和蜕变的机会，只要你愿意给予自己机会。

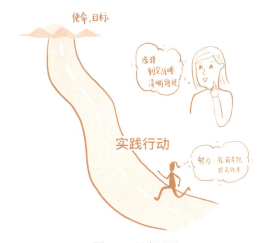

图 1-5　思考层面

　　我在职场遭遇第二次迷茫时，那年我 33 岁。我看到了鲍伯·班福德的《人生下半场》[1] 这本书。书中引用了美国西部片《都市滑头》的剧情，巴兰斯饰演有智谋的牛仔，克利斯托饰演从洛杉矶来牧场

1　[美]鲍伯·班福德.人生下半场.杨曼如译.南昌：江西人民出版社，2004.

度假的城市佬，他们骑着马缓缓穿越牧场，边走边谈人生和爱情。其中有一个片段他们话锋一转，耐人寻味……

> 巴：你多大年纪？ 38？
>
> 克：39。
>
> 巴：……你知道人生的秘诀是什么？
>
> 克：不知道，是什么？
>
> 巴：这个。（他举起了自己的食指）
>
> 克：你的手指头？
>
> 巴：一件事，只有一件事。你不屈不挠而坚持不断地做那件事。
>
> 克：太棒了！但那一件事是什么？
>
> 巴：就要靠你自己去搞清楚！

图1-6　倾听心声

现在不妨倾听你内心的声音，诚实回答这些问题：

（1）如果有完美人生，你会怎样描述它？

（2）你需要多少钱，不是越多越好，而是你完成最近一个目标，或者给自己设定一个年度金钱目标，预计会是多少钱？

（3）你对事业有什么样的规划，把知道的写下来，诚实地面对自己的不知道；

（4）你所追求的人生，如果要排序的话，你会如何将"事业发展、家庭、个人成长、孩子、人生意义、金钱和地位、健康"按照重要程度排列？

（5）如果生命只剩下一个月，你会做哪些事？

花时间去思考这些问题，比整日忙碌地做很多事情有效得多。我们并不需要低水平的重复，也不能日复一日得过且过，结果不会骗人，这些答案还得靠我们自己停下来思考。

《人生下半场》作者鲍伯·班福德在这本书中讲述 34 岁的他找到了人生最重要的 6 件事，帮助他理清了人生目标，涵盖事业、家庭和自我成长，分别是：

❤ 公司每年至少增长 10%；

❤ 琴瑟和鸣的婚姻；

❤ 帮助儿子建立健康的自我形象，而不是获得奖杯；

- ❤ 服事信仰，做教会教导工作；

- ❤ 不断扩充文化知识；

- ❤ 思量多余的钱用在最高理想上。

我在 33 岁人生迷茫之际也罗列出了愿景和目标，它们分别是：

- ❤ 教育类创业；

- ❤ 出版个人书籍；

- ❤ 做公益；

- ❤ 名校继续深造；

- ❤ 幸福稳定的婚姻，培养孩子，孝敬父母。

我的学员泽禧 27 岁时也列出了她的人生愿景和目标，分别是：

- ❤ 在欧洲完成硕士学业；

- ❤ 深耕自己的专业领域并有所成就；

- ❤ 和相爱的人结婚；

- ❤ 保持身体健康；

- ❤ 在发达且自然条件好的城市定居。

请停下脚步，花些时间思考，依照上述的愿景和目标写下你的人生终极目标。没有人能够去做所有事情，时间和精力是我们每个人最大的瓶颈。目标不在多，而在于精。当你确定想要实现某一目标，你的力气才能往一处使，身边的资源才能聚拢来帮助你，目标才更容易被实现。所以，我们需要关注自己到底想要什么。

目标就是我们的人生战略。公司有公司的战略图，人有人生战略图。它需要顶层设计、统筹和规划。如果你一时无法写下上面几个重要目标，不妨在下面的人生战略框架图中进行分解，写下你的愿景、价值观、目标以及行动计划。这样，你想要的人生战略图也就出来了。

图 1-7　人生战略图

为了方便理解，我将自己的愿景和目标进行分解：

我的愿景：帮助女性觉醒，实现自我价值，活出闪闪发光的样子；

价值观：愿景、影响力、价值创造、长期主义；

事业目标：教育类创业、出版个人书籍；

情感关系目标：幸福稳定的婚姻，培养孩子，孝敬父母、做公益；

个人成长目标：名校继续深造。

个人战略图的上半部分完成了。接下来再将每项目标进行分解，形成不同的小目标在不同阶段完成。也许你会问，这几个目标会不会少，或者担心有变化。你可以在这个基础上按照自己的能力和需求进行添加，或者迭代目标。请记住，目标不是用来限制我们的潜力和想象力的，而是用来明确前进方向。一个人只有想得够明白才不会贪多或者将目标变来变去。不断变化、持续确认终极目标是我们成长路上的必经之路，甚至会多次遇到。我们可以将每一次迷茫和变化都作为一次成长的礼物。

三、高维认知：
拥有好的人生，需要看清人生本质

想要拥有好的人生，需要从人生战略下手。一位女性想要提升自我，追求梦想，增强自身影响力和领导力，就需要先升级认知，知道人性的底层需求和人生的本质追求到底是什么。

做好 A+B 的人生战略组合题

很多人会对人生设计、职业规划有误解，认为我们的人生无法规划，因为变化太多。对于想要获得一些成就的人来说，规划就起到了叠加效益，就像登山一样，一层一层地往上爬，事先经过考虑，就会更加清楚方向，知道怎么去攀登，以及在需要时如何去调整。而没有深度思考规划的人，就像飘落的树叶，飘到哪里是哪里。这是两种不同的成长路径。随性的人相对喜欢随遇而安，可以按自己喜好去生活，不给人生留下太多遗憾。当然还有一种办法是理性做好目标规划，在事业上理性，在生活中感性，这两者结合的效果最佳。我们不如保持开放的心态，在计划之余，面对机遇时依然能够随时调整，人生的满意度才会提高。将明确已知的目标规划和未知变化动态调整放在一起并不冲突。我们不做 A 或 B 的单项选择题，而是去做 A+B 强强联合的组合题。也就是当你走在原计划的山路上，被突如其来的石头挡住了去路，你依然有能力绕道前行，从容应对，直至登顶。

人性的 6 大底层需求

在制定规划前，我们先来了解人性的 6 大底层需求。那些优秀的人强就强在知道自己为什么而出发，不走弯路就是最快的路。营销大师西蒙·斯涅克在《从为什么开始》[1] 一书中提出一种思维方法——黄金圈法则 "why，how，what"，如果把 why 比作人生目的、使命和信念；how 就是过程、路径和方法的梳理；what 就是行动清单和结果的验证。那么，我们先来看一下 why，我们的人生到底在追求什么？先从宏观框架来看图 1-8。

如果你对马斯洛需求层次理论耳熟能详，那么理解人性 6 大需求并不困难。图 1-8 外圈的 5 项需求基本上与马斯洛需求层次理论十分接近。我们会追求：确定性 / 安全感（安全需求）；不需定性 / 多样化（生活的体验性、人生的多元化追求）；事业的卓越成就（获得他人尊重和自我实现的需求）；爱与连接（拥有归属感与爱）；成长（我们的精神追求）；奉献（通过给予他人获得精神上的满足）。

1　［美］西蒙·斯涅克 . 从 "为什么" 开始 . 苏西译 . 深圳：海天出版社，2011.

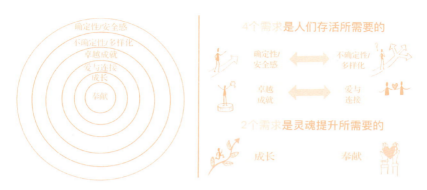

图 1-8　人性的 6 大需求

前 4 项需求是我们的生存基础，后 2 项需求来自精神追求。用一句话概括：实现人的外在财富和内在精神的双重富足。

厘清不同人生阶段的需求

看完上述人性的 6 大需求后，你可以衡量一下自己正处于哪一个需求阶段，现阶段追求对应着哪一环。为了方便你理解，我在这里分享两位嘉宾的经历，她们是我的人物访谈系列《阅她女性 CEO 进化论》的嘉宾，她们的人生故事可以在公众号（ID：阅她女性）中搜索查看。

文竹老师目前是一位企业培训商务顾问，时间和财富已经实现自由。在此之前，她已经做到了世界 500 强汽车企业的总经理职位，实力非常强。但是，她想给人生转道弯，就果断辞去了光鲜亮丽的工作，做起了自己感兴趣的事业。从图 1-8 人性 6 大需求来看，她已经实现了安全感和卓越成就需求，现在她想要拥有更多时间陪伴家人，做与兴趣爱好相关的事业，满足爱与连接、不确定性 / 多样化的内在需求。当然成长和奉献在她身上一直都有。相较于现阶段，她的重点是想多陪陪父母孩子。过去在企业上班太忙了，没有太多时间陪家人，现在想要给家人更多关爱。从她的经历来看，以目前人生阶段为界线，可以分为三个阶段的战略路径：一路晋升到总经理的职业路径；陪伴家人、做喜欢事业的自由职业者路径；以及未来可能走向创业的人生新阶段。

从文竹老师的路径中可以看出，表面上是路径选择的变化，实际上是内心需求产生的变化。不管它们怎么变化，都隐藏在人性的底层需求框架里面。

另一位嘉宾南希老师稍有不同，她创业比较早，很早就知道自己是什么样个性的人，想要追求什么样的人生意义，以及通过怎样的路径去实现。最开始她在企业做自由译员的工作，但她发现自己经常有很多灵感和想法在工作中无法施展，心灵上受到束缚。经过给自己不断定位，她发现创业比较适合自己，不久后选择了与他人合伙创业。

从她的经历可以看出，她过去追求的是成长、确定性和安全感；现在的她追求的是不确定性和多样化、卓越成就，以及成长。以目前阶段为界线，她暂时可以分为两段战略路径，一段是企业工作的职业成长路径，另一段是为追求自由与梦想的创业路径，相信以后还会有其他的变化和人生新阶段。

看到这里，不知道你是否有更深层的自我认识和新的启发？能在当下看清事物本质的人，和一辈子都看不明白的人，命运确实会有不同。人最重要的认知，是透过现象看事物本质，从万变中看到不变，做出利于自己的人生选择。人性6大底层需求是人的底层逻辑，它最大的作用是帮助我们弄明白"人生三问"中的第三问"我要去向哪里"。

人生觉醒的本质目标

我们再来做一道感性的测试题，这是美国华盛顿邮报曾评选出的人生中最昂贵的"十大奢侈品"。如果10分为满分，你会给自己打几分？可以把你给出的分数填在右侧方框里，最后再计算它们的平均分。

我第一次给这"十大奢侈品"打分时是在写这本书的前两年，我的好友，生涯督导蒋贤明老师给我念出这10道题。打分时我的内心颇为触动，我从来没有这么系统地想过这些"高深而朴实"的问题。人生中最昂贵的"十大奢侈品"没有一项与物质相关。但无论哪一项对我们来说又何尝不是最珍贵的财富。过去我们多以财富和生存为追求目标，但在如今，精神追求成为我们这个时代的刚需，特别是女性，精神追求会成为觉醒和自我成长最为重要的一环。

表1-2　人生中最昂贵的"十大奢侈品"

明细	评分（0~10分）
生命的觉悟	
一颗自由喜悦充满爱的心	
走遍天下的气魄	
回归自然和与大自然链接的能力	
安稳而平和的睡眠	
享受真正属于自己的空间和时间	
彼此深爱的灵魂伴侣	
任何时候都有真正懂你的人	
身体健康内心富有	
能感染他人并点燃他人希望	
平均分（总分10）	

我也曾将这 10 个提问用在我的训练营课件当中，颇受学员们的好评。建议你也马上做一做。平均分若是大于 7 分，总体幸福程度还是很不错的，继续保持和深耕；如果未能达到 6 分，说明还有较大的提升空间，从中找到几个自己感兴趣的项目加以重视，不断去提升。

与其说它是人生"十大奢侈品"，不如说它是人生觉醒的本质目标。我们不断成长，获得财富和内心的自由，有人爱并爱人，与人链接，与大自然、宇宙链接，才形成我们独立存在这个世界的闭环。

生存和财富很重要，但同时它们就像无穷无尽欲望的空洞，需要无休止的填补。明白这些后，希望我们都能从填补欲望中获得内心的自由，不再怀有执念。对于人的执念也是如此，我们拼命付出，执着于某个人的爱，其实是在索取，说明内心力量还不够。如果你有爱的能力和强大的内心力量，是能够给予他人，且不求回报的，这需要我们持续修炼。

四、人生战略：
建立远、中、近期人生目标规划

了解我们的愿景、需求和追求后，再来制定不同阶段的规划就容易多了。在开始前，我们有必要了解自己的角色。作为成年女性，其实我们会同时肩负多个角色，我们现在可能是职场女性或者是创业女性，是企业里的员工；是父母的女儿，或者是丈夫的妻子、子女的母亲；但最重要的角色，永远是我们自己。

图 1-9　女性角色

最核心的角色是我们自己

现实中很多姐妹重视的角色是反过来的。拼命做好职业角色，花费大量时间在工作上，赢得生存；下班后回到家，接着工作或者做家务，陪伴孩子，尽职尽责，但唯独忽略了自己。与其说忽略，不如说是每天忙得应接不暇，根本没想到过自己，不知道怎么分配时间去重视"自己"这个角色，这是很多女性的"痛点"。讲述它的根本原因是：凡事都是从"自己"出发，"我"是本源，是一切事情的起点，也是解决一切问题的关键。

你可能会在心里反驳：你看我生存都有问题，哪里还有空照顾自己，好好工作赚钱才是正经事。但试想一下，这种拼命工作的状态能持续多久？如果自身心态不稳、能力不强，用不了多久，你还需要回来继续修炼，重新出发。所以不妨从今天开始，转换角度，由己及人，由内及外，给自己多一些时间，哪怕一时看不到成果，也不要着急和泄气。慢慢地，你做任何事都会变得又稳又有能量，心里那份底气也会更足。当你拥有这份沉稳的心态，还担心看不到结果吗？人生所有的事情最终都是为了修炼自己。

对自己 100% 负起责任

我的学员小亦（化名）就曾遇到过这样的情况。她的年终绩效表现超预期被公司评为优秀员工，作为一个刚入职场的新人，她很努力很拼命，加班加点工作是家常便饭。去年 10 月后，她基本上每天晚上 10 点下班，周末也在家写工作报告，她在年度复盘时提到，自己的生活质量大打折扣，几乎没有生活。因为高强度的学习和工作，身体出现了问题，多个身体部位检查出结节，身体向她发出了警告。她突然意识到没有了健康一切都是虚空。这是她的真实写照，这些话也是她去年年度总结的复述。她努力成为一个真正的职场人，获得荣誉和奖励；努力学习，在去年还获得了海外名校双硕士学历，但在生活上很少有时间去照顾到自己。

请记得，永远把自己放在第一位。我们懂得很多人生道理，真正能知行合一的人少之又少，其中的原因是不知道如何改变，先从哪里着手，或者没有具体的执行方案等，从知道到做到其实还有很远的距离。于是，今年年初，我帮她在年度计划里加入了两项指标：一是设定生活目标，每周至少要给自己安排一天休息时间，可以是放在周末的一整天，或者一周休息时间加起来能满足一个整天；二是给身体补充营养，不管是看中医调养，还是买营养品补给，把身体调养好，为长期奋斗打好身体基础，我们后面的人生任务还重着呢！

把自己摆在第一位，对自己 100% 负起责任。不仅要知道，还要能做到，接下来我们再来布局远、中、近期目标规划才会有效。

愿景拆解法

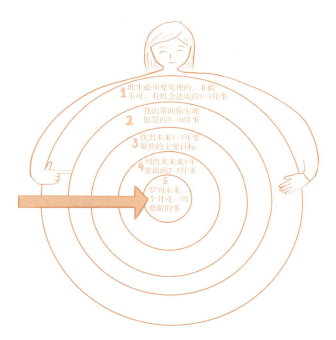

图1-10　愿景拆解法

对于远期目标，设置愿景和人生最重要的几件事情的方法在前面我们有介绍；接下来，我们来制定中期和近期目标规划。这个时代变化太快，过去可能以 10 年为一个时间段才能称为远期目标，而现在 5 年就能作为远期目标了。

以前面我提到的学员泽禧为例，她给自己设置的远期目标（5 年后）分别是：

- ❤ 深耕专业领域获得成就；

- ❤ 自主创业；

- ❤ 在爱尔兰定居。

她分解的中期目标规划（2~5 年）是：

- ❤ 成为数字营销专家；

- ❤ 在爱尔兰获得永久居留权；

- ❤ 结婚。

以及近期目标规划（2 年内）是：

- ❤ 获得理学硕士；

- ❤ 入职世界 200 强科技公司市场部；

- ❤ 学会烹饪并健康饮食。

从上面分解的案例来看，你会发现她的中期、近期目标紧扣着远期目标，以终为始。从愿景和人生最重要的几件事情出发，抓主次，做减法，进行阶段性重要目标分解，将时间精力花在这些阶段性目标上面，这样不仅目标明确，做事高效，人还特别轻松，心里没有太多杂念。你不妨试着这样分解，保持开放的心态，按自己的意愿来规划。另外，你可以按自己的标准来设置时间段，远期可以是 5 年，也可以是 10 年、20 年；中期可以是 2~5 年，也可以更长，或者更短；近期可以是 1 年或者 1 个月，按自己想法来设定，不合适再调整。重要目标如果一定得有个标准，那就是这件事真的很值得去做，对自己来说很重要，有长远意义，是内心很想实现的个人愿望。

设定远、中、近期目标规划的意义在于我们能够拥有对事情优先次序的掌控感，内心更笃定和自信。在面对纷杂诱惑和事业受阻时能快速认清事实、灵活调整，没有太多不良情绪，不会变得情绪化，而是从容面对，制订改变计划。想要重塑人生，先从获得掌控力开始，制定好行动计划，再逐步实现，你便能达成你想要的人生目标。

思考与练习：
个人成长规划蓝图

我的愿景

人生最重要的几件事

我追求的奢侈品

远期规划（5年后）

中期规划（2~5年）

近期规划（2年内）

价值观

我的底层需求

第 2 堂

女性平衡课

一、界定平衡：
走进工作生活融合的时代

"工作与生活平衡"这个话题，是大家向我提问最多，也是妈妈们最关心的话题。前年我参加了一场线下 TEDx 活动，现场有一位男性朋友知道我做女性成长事业后，当场要把我的微信推给他妻子，目的是想让他妻子向我学习平衡工作与生活的方法。他妻子自从生了孩子后，在工作与生活的切换中有些焦虑，时间管理得不好，想看看我这里有没有什么好方法。你看，男性也有烦恼，不过与女性烦恼不同的是，女性平衡工作与生活好像是天经地义的事，而男性的烦恼是让女性学习工作与生活的平衡之道，这有些不妥。如果哪一天出现"职场爸爸""职场爸爸如何平衡工作与家庭"，相信会是另一番景象，但本篇的目的不是为了批判性别不平等以及推进社会的进程，而是期待通过我们自身的切实改变，让自己找到方法，变得更好，微光的力量聚集起来就能改变世界。两性不需要对立，而是应当彼此提升认知，几乎所有的对立都是认知上存在冲突或误解，触犯了彼此利益，才产生你强我弱的情况。我们不管是在工作还是家庭中，都可以与丈夫，或者让丈夫与我们彼此融合平衡，实现双方双赢或者家庭多赢的局面。

卓越女性的工作与家庭平衡之道

工作与家庭平衡这个话题我写过很多。在我采访众多女性嘉宾时也常常提问她们这个话题。她们都是行业内非常卓越的女性，对我们来说更有借鉴性和不同维度的启发性。在本堂课，我不会讲太多方法论，每个人的实际情况太不一样，也许榜样人物真实的工作与生活平衡之道更具参考意义。如何来平衡工作与家庭呢？在工作与生活的时间分配上究竟怎么安排会更好？与孩子有哪些较好的相处模式？以下是我采访过的嘉宾的平衡智慧。

施璐德亚洲有限公司 CEO 李燕飞：我女儿 12 岁了，我十分羡慕有时间陪伴在孩子身边的妈妈。时间的分配是我最难平衡的部分，我每一天都在做"优先"选择题。在我有限的陪伴时间里，我努力做到有效陪伴，走入她的世界，体验她的感受。在陪伴孩子成长的过程中，我们大人往往会达到"忘我"的境界，把自己当下与未来的期望都寄托在孩子身上。努力让孩子成为我们骄傲的同时，孩子又何尝不希望有一对让自己骄傲的父母呢。有时候，我们也可以看起来"弱"一点，甚至需要孩子的鼓励，却一直是很努力很坚持的父母。从这个角度想，我们也可以选择活好自己的人生，至于她的人生，给她更多的自由空间去施展。我的家人给了我非常大的支持，事无巨细地照顾我们的生活，让我可以完全放手去做自己想做的事情。但无论工作多忙，我也一定安排时间与家人相处。女儿小时候，我们一起去国外游学，她上学，我学做全职妈妈，学煲汤、做点心、做菜。每年家庭"团建"（旅游）也是很好的方法，就像电池需要充电一样，他们付出了一年，我也需要表达关爱和感恩。

美国硅谷创新部落（SiVIcamp）创始人兼 CEO、人生设计导师艾欣博士：所谓平衡，我们要分清楚优先级，高质量的陪伴远比低质量无效的陪伴会更好。在照顾家庭的时间分配上，该做家务的时候，我享受做家务的过程；该陪孩子的时候就好好跟孩子在一起。不是说我为了创业或事业就一定要牺牲家庭，那不是我们追求的状态，也不是一个圆满的状态。

美国太平洋科技咨询创始人兼 CEO、幸福学全球认证讲师邹英毅（Michelle）：孩子的到来对我来说是件好事，他让我在一定时候停下来去照顾他。所以在工作上我做了一些调整，减少了出差频次，可以多一些时间用来陪伴孩子。养育孩子的时候，要享受跟孩子在一起的时光，我愿意花这个时间，认为陪伴他是件很幸福的事。但我认为养育孩子和工作两者可以兼得，既可以工作又可以带孩子，重点是你如何来安排两者。我从小就训练我的孩子学会做家务、洗衣服、做饭，这样就能把我解放出来。孩子到了青春期，也很需要家长，我原来并不知道，所以关怀不够，于是我把工作业务又进行了调整，花更多时间跟孩子沟通，积极寻找解决方案，到处去学习，以此来帮助我的孩子更好地成长。所以建议女性生了孩子后不必待在家里，工作上只需要进行一定的调整就可以了。

某跨国公司中国区 CFO Flora Lu：人在不同阶段，需求是不一样的。我小孩刚出生时，家庭是我的重心；孩子去了幼儿园，我又会偏向工作。也就是目前阶段哪边更需要你，就多投入一点。时间对每个人都很公平，我个人喜欢的做法是把时间分配好，并充分利用。打个比方，我工作地和家里都有笔记本电脑，我很少把工作电脑带回家。我觉得下班以后就要把时间还给生活，不会在家看公司邮件。还有我休假时也尽可能好好休假，专心陪伴孩子。除了公司紧急电话外，我尽量回归于生活以及专注于当下，充分享受这段时间。反过来在工作中，我也不会掺杂生活琐事，而是全身心投入在工作中。最后，能够平衡工作与生活一个很大的原因是家人的支持，这个家人可能是你的伴侣或双方父母。这样才会让你没有后顾之忧。

前欧洲跨国集团中国公司总经理文竹：我结束第一份工作的原因是我要回家生孩子，可见我对家庭的重视。如果你想当领导者或者工作上很忙，那么你必须建立家庭支持系统。生下孩子的第一年我向公司申请避免出差，公司也很支持。就算要出差，很多时候当天就回来了，所以平衡工作和家庭其实是可以和公司协商的。后来我要读 MBA，晚上要上课，儿子的作业需要我批改，他会微信拍照给我，我在课间给他批改然后返给他。我会跟他视频或者语音留言，沟通作业内容。我常常半夜回家，儿子就会把作业或试卷放在桌上等我回家签字。可见，孩子并不像我们想象得那样幼稚无能，你要做的就是协调并且帮助他学会某些技能。

上海自我关怀心理咨询中心创始人、萨提亚培训师赵倩（Eva）：家庭和事业有时候会有冲突。孩子太小他们需要我，事业也需要我，有时候会不平衡。不平衡是一个信号，提醒我可能需要做一些调整，但现实情况是平衡的瞬间是非常少的。比如我晚上直播前就会跟孩子们约好，告诉他们妈妈此刻特别需要你的帮助，在我直播的时候，他们就会互相提醒。当然他们还是会笑得很开心很大声，但是这没关系，我会跟观众说，你会听到孩子的笑声，就把这个当成背景音吧。有时候我家小宝会在我直播时进来，我会拉着他与大家打个招呼，其实他和妈妈腻那么一下，就满意地走了。如果我把他们推走，他们反而会更想黏着妈妈，不愿意走。顺势而为吧，放下那种对工作与家庭完美平衡的期待。

工作与家庭的排序

再说说我自己，我在生孩子的头几年里重心一直放在孩子身上，在事业上并没有太多的发展，对家庭的关注度是大于工作的。尽管有老人帮忙，但照顾孩子消耗我大部分精力，并且工作和家庭之余还要兼顾学习，我在个人成长上也花了不少时间。这两年随着孩子长大，我的爱人事业发展稳定，我有更多时间用来全力以赴发展事业。如果说过去的我是家庭先于事业，那么现在是事业先于家庭，事业和家庭各占 50%，这很难做到。还是把事业和家庭比作向前奔腾的河流吧，彼此抱持，源远流长。最近两个月我在全力以赴撰写这本书，我的家人给了我很大的支持。在我写作时他们不来吵我，轻轻为我关上门，给我独处时间，为此我很感激家人在我事业发展过程中作为我坚实的后盾。那么你呢？参照我的示例（表2-1）写下你的人生阶段的要事排序吧。

表2-1　人生阶段的要事

	段芳老师示例	你的排序
上半场（33岁前）	健康 家庭 自我成长 事业	
中场（33~36岁）	健康 自我成长 家庭 事业	
下半场（36岁后）	健康 事业 家庭 自我成长	

注：年龄段可以变化，评估项目自行增减。

安妮-玛丽·斯劳特在《我们为什么不能拥有一切》[1]一书中写到当代女性如何平衡事业与家庭，她在书中提到一个观点：我们可以拥有一切，只不过我们需要分阶段进行。上述排序填空可以帮助我们分清人生不同阶段的侧重点。作为女性的我们，想要获得人生

---

1 ［美］安妮-玛丽·斯劳特.我们为什么不能拥有一切.何兰兰译.北京：文化发展出版社，2016.

圆满，体验事业和家庭双丰收，就必须提前做好职业规划，什么时候在工作上发力、什么时候结婚生孩子，以便在不同阶段可以全神贯注地投入到事业与家庭中去。女性不要独自承担事业和家庭两座大山，也不要高估自己的能力，可以完美兼顾事业和家庭，男性都很难做到，不必苛求女性。HSA 幸福研究学院大中华区总裁晓熙老师在我的人物访谈中提到如何去做一位母亲、如何修炼平衡的状态，她不断强调的一点就是去做真实的自己。她说，虽然"为母则刚"，但是妈妈并不是"超人"，妈妈也是一个普通人。"允许自己为人"或"接受自己是一个普通人"是一个非常美好的状态。作为女性或者母亲，至关重要的一点就是"做你自己！"只有敢做、会做自己的母亲，才能养育出积极乐观、健康真实、乐于接纳自己的不完美、并勇于不断突破自己的孩子。

二、平衡之轮：
我们可以拥有一切

　　写这本书前，我看了市场上大量女性成长类书籍，也了解了大家对工作与家庭平衡的一些言论。这本书以自我探索和成长为主线，以下三点是我想对工作与家庭平衡这个话题的补充。

　　❤ 我们需要重塑"女性平衡工作与家庭"的社会价值观，一味要求女性平衡工作与家庭是根深蒂固的传统思维。现在，赚钱不再是男性唯一的家庭责任，女性也需要争取经济独立，真正的平等应该是夫妻双方都需要获取经济收入，共同陪伴和照顾家人。无论是孩子还是老人，他们都需要爱和安全感。如果有一天夫妻一方被公司辞退或者职业有变动，还有另一方可以作为后盾。夫妻双方谁需要在事业上全力冲刺时，另一方就选择让步，退而兼顾家庭，承担照顾家庭的角色。相信男性会有这样的胸怀气度和对女性的充分尊重，夫妻双方应该彼此成全，互为贵人。

　　❤ 不建议女性长久成为全职妈妈，孩子某一个阶段需要你在家陪伴这值得理解。如果你正是全职妈妈，一定要留出时间来精进自己，为重返职场做准备。孩子小的时候需要你的陪伴和照顾，长大后还需要引领和榜样。当你持续成长，拥有事业，你才能获得孩子和另一半的尊重。

❤ 重新审视社会价值观导向，金钱和职位作为衡量成功的唯一标准这太绝对。古人说"修身齐家治国平天下"，帮助我们理解个人成长，家庭关系和情感，金钱和事业的关系。社会价值观应该要同时重视家庭关系和情感照顾，那是我们人生幸福的终极追求。

人生均衡发展的 9 个维度

生命维度评估表由心理学家研究出的"人生均衡发展的八个方向"改编而来，对于女性，我增加了"自我关爱"这一维度，并参考美国作家鲍伯·班福德《下半场赢家》[1] 评估格式，进一步全面优化为最适合我们的评估方式。按照你的实际情况在评估数字线上找到最适合你的位置，在相应的数字上画个圆圈。完成某一个大项后，统计好该大项评估得分并计入表 2-2 对应的项目中。

示例：假设你要在"我不知道为什么而活，没有热情"和"我激情满满不辜负生命中的每一天"中选择，如果你偏向前者，按赞同程度选择 1 或 3；如果你偏向后者，按你的赞同强度请选择 7 或 9；如果不知道怎么决定，请选择 5，并在相应分数上画个圆圈。每一个提问只能选择一个数字，直到"人生意义与目标"大项下的七道题全部选择完毕，再将总分填写到"人生意义与目标"维度的评估得分一栏中。全部填写后我们再往下看。

---

1 ［美］鲍伯·班福德 . 下半场赢家 . 雅歌编译小组译 . 南昌：江西人民出版社，2005.

表2-2　生命维度评估表

维度	具体描述		评估得分				
	（前者）	（后者）	1	3	5	7	9
人生意义与目标	我不知道为什么而活，没有热情	我激情满满不辜负生命中的每一天					
	我缺乏人生蓝图，迷茫焦虑	我的目标清晰，清楚自己的目标和方向					
	我想不到太远的未来，得过且过	我善于独处，常常思考未来					
	我经常被环境和他人影响，被"推"着走	我跟随内心，接受生命的召唤					
	我害怕、逃避改变，等待命运安排	我勇于、主动改变，将命运抓在手中					
	我不相信任何人，身边没有亲近朋友	我身边都是朋友，并相信他们					
	我对他人很敏感，害怕被拒绝	我对他人尊重，并保持感恩					
	我常处于紧急事件的救火当中	我知道真正重要的事，并有条不紊地进行					
	我常常对过去感到遗憾	我对未来的成就和幸福充满期待					
	得分小计（　　）						

续表

维度	具体描述		评估得分				
	（前者）	（后者）	1	3	5	7	9
工作事业	工作是我的全部	工作是我人生中的一部分					
	若我失去工作，我不知道可以做什么	我可以轻松找到实现我抱负的工作					
	我为了赚钱养家而工作	我因为喜欢工作而工作					
	工作让我日渐麻木	我在工作中逐步实现人生价值					
	我做的工作常被人忽视	我因工作常被人尊重和重视					
	工作没有发挥我的才能	工作发挥了我的优势和才能					
	我离开了工作会空虚至极	我离开了工作会燃起新的机遇和挑战					
	得分小计（　　　）						
家庭关系	我和配偶关系很糟糕	我和配偶关系很亲密					
	配偶不爱我了	配偶他深爱着我					
	我不爱他了	我依然深爱着他					

续表

维度	具体描述（前者）	（后者）	评估得分				
			1	3	5	7	9
家庭关系	我们的沟通不能有效处理冲突	我们分享内心深处的声音，有效处理冲突					
	我不了解孩子，正在错过孩子成长	我了解孩子，爱他们，正在陪伴他们成长					
	孩子远离我，保持距离感	孩子们爱我，喜欢跟我在一起					
	我和父母越来越生疏	我和父母越来越亲密					
	得分小计（　　）						
社会人脉	我喜欢独处，远离人群	我喜欢与人打交道，建立关系					
	与人打交道时我在消耗能量	与人打交道时我越来越兴奋，全身充满能量					
	遇到难题时，我找不到人倾诉	不管什么事，我都能随时找到朋友分享					
	我不相信任何人，身边没有亲近朋友	我身边都是朋友，并相信他们					
	我对他人很敏感，害怕被拒绝	我对他人尊重，并保持感恩					

续表

维度	具体描述		评估得分				
	（前者）	（后者）	1	3	5	7	9
社会人脉	我避免分享内心的真实感受——我喜欢以诚待人，坦诚相见						
	我不喜欢与他人建立深度的链接——我喜欢与不同的人建立深厚的友谊						
	得分小计（　　）						
财富理财	我无法满意现有的收入——我对现在的财务状况和收入感到满意						
	我需要赚更多的钱——我没有金钱压力，现在的财富能满足所需						
	我需要依靠他人收入生存——我经济独立，自由支配财富						
	财务危机是生活中的阴影——财富为我实现了我想要的生活						
	因为金钱，我对未来没有安全感——一段时间不工作，我也不担忧未来生活						
	如果家人生病，发生变故，我毫无招架之力——我的财务状况足够应对各种危机						
	我常常浪费金钱，大手大脚使用——我把每一分钱用在了需要的地方						
	得分小计（　　）						

续表

维度	具体描述		评估得分				
	（前者）	（后者）	1	3	5	7	9
健康	我常常感到力不从心，全身没有力气	我常常能量充沛，有使不完的劲					
	我为健康状况感到担忧	我对健康状况丝毫没有担心					
	我的效率很低，需要被鼓励	我能主动、高效去做事					
	我讨厌运动，没有运动习惯	我喜欢运动，有固定的运动习惯					
	我从不养生	我很注意平时饮食健康，善于养生					
	我常常情绪暴躁，难以自控	我情绪稳定，心态平和					
	我长期处于负能量中	我时常感觉到很幸福					
		得分小计（ ）					
个人成长	我讨厌学习	我热衷学习					
	一学习我就犯懒，一看书就想睡觉	学习让我沉迷其中、促进思考、获得能力					
	我没有成长方向和计划	我有清晰的成长方向和落地的学习规划					

续表

维度		具体描述		评估得分				
	（前者）	（后者）	1	3	5	7	9
个人成长		我不愿意改变——通过学习我的人生发生了翻天覆地的变化					
		我的知识已经够用了——天外有天，人外有人，需要终身学习					
		学习是一件很枯燥的事——学习是件有趣的事情					
		我被迫学习成长——我积极主动，有节奏、自律的学习					
		得分小计（　　）					
自我关爱		关爱自己是自私的表现——我时间关爱自己，这不自私，是必需					
		出错的时候，内疚、责备自己——出错时会原谅自己，每个人都会犯错					
		我难以欣赏我自己——我很欣赏我自己					
		凡事力求完美，不放过自己——致力做到足够好，而非完美					
		我身上缺点很多，我力求改变——我接受我自己，我依然值得被爱					
		我爱我身边的人胜过爱我自己——先爱我自己，如同爱我所爱的人					
		我尽力满足他人的需求，对他人充满期待——我允许自己说"不"，放下期待					
		得分小计（　　）					

维度	具体描述		评估得分				
	（前者）	（后者）	1	3	5	7	9
休闲娱乐	我没有任何爱好——我有很多爱好						
	我很少休息——我常常给自己固定休息娱乐的时间						
	休闲浪费时间，没有价值——休闲娱乐让我看到了自己丰富的一面						
	休闲让人退步——休闲娱乐让我充满活力						
	我生活规律紊乱——我关注生活基本面，能吃好、做运动、按时睡觉						
	不敢慢下来，更不敢休息——没有计划的一天，花时间慢下来，感受生活						
	我无法享受当下的生活，觉得浪费时间——花时间做喜欢和真正享受的事						
	得分小计（　　　）						

生命平衡轮

有了各项维度的得分后，请在下方的平衡轮中用 9 支不同颜色的彩笔画出对应的分数，这样更有视觉冲击力。

示例：假如你的"人生意义与目标"在 40+ 分，请将颜色由内而外画到第四个圈与第五个圈当中；假如你的"休闲娱乐"在 20+ 分，颜色就画到第二个圈与第三个圈当中。以此类推，直至画完。

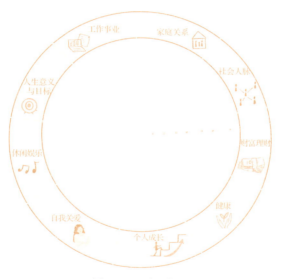

图 2-1 生命平衡轮

画好后，看看自己目前阶段的平衡状态怎么样，哪些项目相对较短，请按自身的需求在下方横线上写下你的改善措施和具体的行动方案。

人生意义与目标：_____

工作事业：_____

家庭关系：_____

社会人脉：_____

财富理财：_____

健康：_____

个人成长：_____

自我关爱：_____

休闲娱乐：_____

三、时间管理：
如何让每一天不虚度？

启动、出发、停下来是我们每一天的轮回。我们每一天都在面对不同选择。选择做哪件事，选择不做哪件事，选择跟谁在一起交流，这决定了我们生命的质量。时间就是我们的生命，增值也好，消耗也好，如果价值观、目标不清晰是没有办法做取舍的，你就会觉得每件事都很重要，每一天都过得很忙碌。我们每个人的生活方式千差万别，工作上的活儿干不完、家务也干不完，除了外在因素，主观因素起着很大的作用，就是我们心底的欲望、想法和情绪。如果不能正确地作出取舍和选择，那我们如何不虚度每一天？

查理·芒格[1]先生于 1986 年 6 月 6 日在哈佛大学毕业典礼演讲时分享了一句智慧箴言：如果知道我会死在哪里，那我将永远不去那个地方。我们每天忙来忙去，看似忙于各种事务，其实反映了我们内心的匮乏。我们需要事业来支撑，似乎这样才会有成就感，才无愧于人生。就像看一个杯子，我喜欢不喜欢，它美不美，值不值钱，都来自我们对它的设定，我们内心的投射。我觉得它美，它就是美

---

[1]　查理·芒格，美国投资家，沃伦·巴菲特的黄金搭档，伯克希尔·哈撒韦公司的副主席。

的；我觉得它不美，那么在我的欣赏水平它就是不美的。所以，你每天都在忙些什么呢？

时间管理的本质是管理目标

去年底我的一位学员突然给我发信息，问我在哪里可以考取时间管理的资质证书。她想要改变每天忙得不行的现状，认为学了时间管理，她就能很好地兼顾每天要做的事情。我当即打电话过去，在了解了她的情况和想法后才知道，她确实要忙不过来了。工作每天要占用大量的时间，再加上准备职业转型，考取相关的资质证书为做自由职业者背书，还要兼顾家庭，周末要带娃等，所以她分身乏术，难以搞定一切。最后我们讨论的解决方案是管理目标，而非管理时间，即找出这个阶段重要的目标进行聚焦，并且在"事上磨"。什么都想做，时间精力是不够的，做事情的结果比过程更具实际意义。二八理论真的很管用，将大量的时间聚焦在少数几件事情上，做成的概率就会非常大，心力还不容易涣散。我写这本书期间，70%以上的时间都聚焦在书上面，写起来就非常高效。如果按照一年达成3个工作目标来计算，用2个月写好一本书就可以完成一个年度目标，那么接下来10个月就会很充裕。在写作的这段时间我一边带学员，一边照顾家庭，有规律地作息，主要就聚焦了这3件重要的事：写书、带学员、兼顾家庭。那么，你呢？这一个月、这一周你最关注的是什么？请选出 3 项重要的事填在下面圆圈里，帮助你聚焦主要的工作目标。

图 2-2　聚焦 3 件要事

我们需要改变我们的思维策略，高级的做法是聚焦重要的事情，不断花时间去突破它。我身边有一位导师非常厉害，他教学员如何用商业思维做好创业这件事，其中一个奥秘是：聚焦。他的学员可分成两类人，第一类人是将所有时间聚焦在一件事情或者一款产品上，另一类人是拥有很多产品，整日忙得死去活来。结果显示第一类学员比第二类学员不仅赚更多钱，人还更轻松。那么这个策略放在职场上同样运用，抓住关键目标狠狠地执行，直至拿到结果，会比拥有很多目标做很多事情的人高效得多。接下来我们尝试将重要目标安排在每一天里执行，做到既能出结果又能更轻松。具体怎么做呢？我们用目标与关键成果法（OKR）来制定周计划和日计划。

用 OKR 制定周计划和日计划

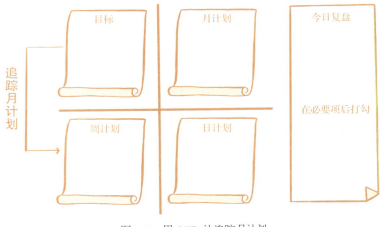

图 2-3　用 OKR 法追踪月计划

以我的学员小青（化名）最近的计划为例。她刚升职到经理级别，对于一个新部门的搭建完全处在探索期，但公司只给她升了职暂未加薪，她的年度目标之一就是在现有的薪资水平上再加薪30%~50%。那怎么做到呢？经过讨论后我们是这样安排的：

近期目标：部门团队搭建完整并正常周转、部门绩效达标、3~6个月提涨薪 30%~50%；

本月计划：招募团队新成员 3 人、部门流程化规范手册制作、部门项目数据化进度表制作、部门 KPI 目标制定，新员工到岗培训资料整理等；

本周计划：部门流程化规范手册制作、部门项目数据化进度表制作、招募团队成员和面试候选人；

今日计划：和上司、各需求部门沟通，收集意见和需求，制定部门流程化规范手册；

今日复盘：做一项划掉一项。

这只是她近期工作上的安排。在工作之外，她每天早上去公司路上会听英语，提升英语水平；每天晚上看会儿书，最近她在看《曾国藩》；晚上 11:30 睡觉；周末抽一天时间用来休息，并坚持运动（瑜伽）；在健康维度上她选择平时在家烧饭，用酒酿煮鸡蛋来补充日常营养，这是她的生活计划。再分享学员小单（化名）的日计划。作为职场妈妈的她，执行力和效率都很棒，目标分明，值得职场妈妈或者全职在家的妈妈们参考，具体看图 2-4。

图 2-4 OKR 法具体实施方案

时间管理的 3 个原则

为了让你的行动有结果，我们可以参照 3 个原则做日计划：

（1）做减法、做减法、做减法。做的事情跟你的需求相关，把事情减到不能再减。做计划的时候只需要问自己一个问题：这件事情现在有没有必要做？有，就做；犹豫不决，就先放一放，如果你平常很忙，可以参照这条建议。如果你不忙，也可以选择去做，刚进入职场或者刚进入一个新业务领域，我们会经历一段盲人摸象的过程，以及学会判断"有必要"和"非必要"。我们有必要先尝试去做，以此积累经验，后面再决定这件事是否真有必要继续做下去。

（2）抓重点、抓重点、抓重点。你以为只找到"有必要"做的事情就行了吗？我们还要找主次，分清楚哪件事情先做，哪件事情后做。如果把不重要的事情放在精力最好、能量最高的早上，晚上再做重要的事情，就会因为精力不济无法达成目标。最佳做法是把记录下来的重要事情圈出来，或者用彩笔给它涂个颜色，以此提示自己这件事情需要优先去做。如果每天花时间在重要事情上，做出了结果，你想想长此以往，日积月累，不出成果都难啊。

（3）狠执行、狠执行、狠执行。决定好了直接去做，在实际行动中缩短大脑思考和动手去做之间的距离。有些人会有"情绪"卡点，需要先疗愈一下情绪；如果没有情绪，目标明确，只是想偷懒或者拖延，那就要强迫自己去执行，不要怕对自己下狠手。总之一句话，知而不行，是为不知，知行合一，才会出结果。

　　每天早上开工前第一件事是先列好计划，分三个步骤：

　　（1）10 分钟内列出当天要做的 3~8 件事；

　　（2）5 分钟内按重要程度给事情排序；

　　（3）从第 1 件事开始，按顺序依次完成工作。

　　推荐你使用时间管理类 APP，可以统计自己每天的时间都花在了哪里。

四、心灵地图：
走在自己的时区里，活出自己

我在 33 岁的时候读到著名心理学家维克多·弗兰克尔《活出生命的意义》这本书，心灵很受震撼，对"活着""人生意义""存在的价值"有更多的思考，促进我探索自由觉醒之路。弗兰克尔被关在集中营里，他并没有抱怨老天为什么对自己不公平，反而更加珍惜生命，想象与妻子对话，内心保留对妻子深深的爱意和对生命存在意义的觉悟。他虽然身在集中营，但他的意志和运气决定了他以什么样的方式继续存在于这个世界上，值得和平年代的我们深省。如果你认真思考过人生，就会发现我们的一生一定需要某种指引，让我们拥有能量，并且坚定不移地活下去。这个指引可以是阶段性的金钱和物质目标，也可以是超越物质的人生使命、某种精神信仰或者情感上的依赖。

刘丰[1] 老师曾说人的生命真正的目的、根本的意义是不断提升内在意识能量的自由度、维度，唤醒我们本来就有的智慧，有勇气去做自己。他提到的教育本质有四个层级，我想借用刘丰老师的概念加上我自己的理解分享给各位。

最高层级：教育的根本意义是唤醒人的宇宙意识，唤醒我们内

---

1 《开启你的高维智慧》作者，全息生命·生态·文化系统集成倡导传播者。

在本自具足的智慧。每一个行走在人间的人，我们内在本来就拥有了一切问题的答案，我们自己就能给自己。当我们不再向外索取，内心的世界才能安宁。

第二层级：教育的高层意义在于唤醒人的生态意识及赋予生命意义。很多人物质生活一旦满足，就会寻找精神上的生命意义。当然也有很多人超越了物质生活和表层的权力阶层直达生命本质。每个人的生命都是有意义的，至于意义是什么，每个人给予的定义不一样。不管它是什么，都是有意义的。

第三层级：教育的中层意义在于传承文化与知识。我们教给孩子知识技能，理念、看世界的维度，是潜移默化的过程，孩子有他们的自我造化和所处年代，但可以站在我们的肩膀上前行或者起飞，前提是我们的认知是正确的，引导孩子的认知也是正确的。

第四层级：教育的底层意义在于传授技能与生存知识。过分强调知识和技能的学习，用考试分数来衡量一个人的价值会让一个人发展受到限制，评价变得单一。我们所有的经历，失败或者高光时刻都是生命的一段历程，帮助我们心灵成长。只要我们足够努力，女性完全可以没有任何限制地追求卓越成长和内在的成功。

克里希那穆提在《成为自己》[1]一书中提道："我们或许都曾在某一时刻，感受到心灵所受到的束缚。各种权威、规范、教条、理念……塑造了我们，也限制了我们。我们致力于活成社会告诉我们'应该'成为的样子，却离真正的自己越来越远。生命原本没有外在

---

1 ［印度］克里希那穆提. 成为自己：找回生命本来的样子. 司哲译. 北京：中国友谊出版公司, 2018.

的意义。人生的最大使命，不过是活出自己本来的样子。"在活出自己本来的样子之前，先搞懂什么是"自己"。活出自己不是为所欲为、反叛社会规则，而是向内观看，明白自己与世界、与他人，与自己真正的关系。在图 2-5 神经语言程序学（NLP）体系中，环境圈到自我圈划分成了几个不同的层面，每一层都代表着个人思维能够到达的层次，最中心的圆则代表着已经觉醒的自我意识。对我们来说，由外及内是不断突破自我和强大自我的过程。越停留在外圈，越容易受到外界影响，被外界所同化。比如看到别人买什么包，就很容易被吸引也要去买个同款包，或者外界给一句批评，情绪立马崩塌；而越往内圈走，一旦触碰到自我圈层，自我意识被唤醒后，我们对自己的人生越有掌控度。

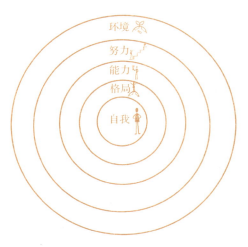

图 2-5　NLP 精神体系

我们来看看最外圈——环境圈。用一句话来概括就是"目光所及都是外界"，关注外界发生了什么，关注他人发生了什么，需要用外部信息刺激大脑。很多人无知无觉，不断地刷短视频，一旦关掉手机就不知道要干什么，空虚至极，人生没有目标。稍有不顺就开始抱怨，喜欢把原因归结到外部或者其他人的身上。

第二圈是努力圈。摆脱了外界刺激，开始关注内心，"我要努力了！"努力是一种正能量和内部的驱动力。不过，努力也分很多种，盲目的努力只会令我们背道而驰，比努力更重要的是先找准方向，再朝那个方向去努力。

第三圈是能力圈。当我们发现努力不能解决所有问题时，有的人可以通过发挥强大逻辑思维和解决问题的能力继续深入问题中心，将努力学到的知识和过往的经验形成综合解决方案，这时候能力也随之提升了。这也是为什么你学了很多市场上的课程却无法应用。有些老师是在教知识，有些老师是在教你如何实际应用知识。实际应用让你发生真实改变，知识和能力是两个不同的概念。知识在于提升认知，而能力是行动过后所产生的结果。

第四圈是格局圈。当你很努力、有能力时，如果格局狭小，也只能是坐井观天。格局就是你对这个世界的认知，对自己所处位置的认识，"人外有人，天外有天"就是"见世面"的一种解释。见过世面的人会变得更加丰富、强大和包容，对自己的价值感和信念体系也会愈加清晰，遭遇逆境时内心会更加笃定。

最里圈是自我圈。要想建立强大的自我，肯定要走一段独特的心路历程。心理咨询师武志红老师提过这样一句话：自我的成长就是对自恋的破损，将原来那个自己打破并重建。那么"自我"是什么？这如同人生三问中的"我是谁"？了解"自我"不妨先了解"自我意识"。自我意识即是我们对自己身心的觉察和正确的认知、客观的自我评价、积极的自我提升，以及对自我成长的关注。也包括身心健康，自己与他人、世界的关系，自己与自己关系的理解等。

一土教育联合创始人、前麦肯锡全球董事合伙人李一诺认为，女性成长最大的阻碍来自"不觉知"，我深表认同。那么如何提升我们的个人觉知，唤醒自我意识呢？我分成六个部分来展开。

明确自我价值

一个女性的价值是什么，我存在的价值是什么？

对于自身的价值，我们会有不同的答案，这个答案是开放多元的。那么把女性身份暂且放在一旁，生而为人，你想在这一生的时间里创造什么样的价值？从我身边的女性朋友来看，有为在中国传播幸福事业而努力的 HSA 幸福研究学院大中华区总裁晓熙老师，因为她传播的原哈佛大学泰勒·本—沙哈尔博士所教授的幸福课，让更多人学习人生终极意义和理解幸福到底是什么；有帮助中国大学生走出迷茫、活出潜能，让生命更有价值的职慧公益创始人蚂蚁老师，她和丈夫土豆老师在 40 岁时确定"余生致力于做公益"，创办职慧公益，十年来凝聚 400 余名 500 强企业中高管志愿者，免费服务了 260 所高校的 42 万人次大学生；还有帮助更多人找到自己人生热爱和使命的人生设计导师艾欣博士，她用学到的理念使得更多的人实现每天开心幸福的状态，不再活成别人期望的样子。也还有无数在平凡岗位上把热爱的工作做到极致，为梦想不断努力的普通且不平凡的女性，她们在工作中实现人生价值与意义。

找到人生使命

用一句话来概括我心中的"人生使命"，就是我知道我是谁，为何活在世上，按照内心的指引去做那件赋予我责任感的事情。它不计较输赢，成功或者失败都可以接受；也无关年龄，它就像生命的指南针带你去向远方。使命不容易找，也不是人人都有使命。这需要对自己不断地觉察，从对成功的渴望转向找寻意义层面，才可以得到喜乐和踏实。在书的第一章目标课中我有分享愿景、目标、价值观等，其实归纳起来只有几个问题：我的人生最高理想是什么，我想拥有什么成就以及什么样的生活？我想成为什么样子，我有什么性格特质和优势才干，我将在哪里得以发挥？接下来我该如何一步一步实现它？这些问题帮助我们厘清心中的渴望，按价值观和原则来确定人生宗旨。想明白了，人生使命便清楚了。

界定成功标准

对你来说，成功是什么？问问你自己：成功对我来说意味着什么？成功是一种什么样的感受？做什么让我觉得自己是成功的？你可能会发现自己对成功的定义不仅包括事业、生活、个人成长、奉献社会，以及对这个世界带来什么影响。也许，你一头雾水，从来没有想过，随波逐流，得过且过，为生存整日忙碌奔波。我采访了一些职场女性，她们对成功有不同的阐释，看看有没有让你产生共鸣的答案。

❤ 我觉得成功就是做自己喜欢的工作、擅长的工作。通过工作能给自己带来满意的经济收入，让我觉得踏实。

❤ 在职场中，我觉得要敢于做自己。面对比自己职位高的人能敢于提问或表达自己的观点，做到坚定、自信、有胆量。职场的成功要全盘考虑，不能只靠你一个人单打独斗。每个人都需要拥有自己的支持系统，其中一个重要的支持来自你的家庭。事业的成功不能以牺牲家庭和家人为代价，所以我休息在家时会多陪伴家人。

❤ 对我来说成功包含三个层次。前提是要认识自己，明确自己的人生目标，树立成长型思维。能够每天坚定不移地朝着目标前进，在过程中感受到充实，那就是成功的。其次是兼顾事业和家庭，如果为事业抛弃家庭，也难以称之为成功。最后是奉献社会，影响身边的人，哪怕能力有限，只要坚持，就是朝着成功的方向前进。

❤ 很多人的成功是在和别人的比较中体现出来的。我认为成功更像一个过程，这个过程只和自己相关。我希望每一天都能获得成长，每一段经历都能有所收获。看见自己成长，遇见更好的自己，就是一种成功。

❤ 成功就是设定的目标一个个地达成了。我的成功是建立在跟自己的过去相比，如果我有了突破，变得更好，就应该认为自己成功了。

你追求什么，与你的价值观息息相关。有些人重视经济保障，追求安全感，希望在 50 岁前退休；有些人重视人生意义，希望发挥自身的优势，对他人的生命产生影响，对世界作出贡献；有些人初入职场，以每年升职加薪为小目标，希望在工作场所建立深厚的人际关系。只要追求的是符合你的价值观、人生追求或者使命感的事情就很棒。成功的标准未必都是那么高大上，日常的点滴就能让我们欣喜不已。它不能仅仅被定义为头衔和获得的赞赏，有些人并不会从物质角度去思考成功，她们对成功有自己的领悟和定义。去发掘自己从未发现的潜能，去过一直想过的生活，去创造想要的生命，懂得利用人际关系网络去寻求他人的支持，走出现有的困境，去打破人生限制，去发现，并实践，去深刻地改变内在，最终迈上内在的成功之旅。这些成功标准由我自己定义，与他人无关。

找到内心的导师

如果你没有遇见过你想成为的人，你就无法成为那样的人。就像我的第一份工作做的是采购，原因是母亲原来是做采购工作的，她的能说会道影响了其他人，让我很想成为她那样的人。我做的女性人物访谈就是为了让更多女性看到榜样的生涯路径。如果你想成为某一位榜样人物那样的人，便能从她的访谈中收获思维、路径和内在力量。呼应了"见她、见她们、见自己"的过程，这是外部影响和内心参照的一种方式。"内心导师"可以帮助我们找到自我，用视觉与想象重新构建内心的愿景，听见来自灵魂的声音，指导自己大胆作为，不再按照别人的标准做事，将自己从外部环境中拉回来，回到你的中心。如何寻找内心导师呢？我们来看一组提问。你需要在看完后闭上眼睛思考这些提问，或者找一位同伴为你慢慢念出提问，请记得，每两个提问之间要留有至少半分钟的感受时间：

❤ 如果你是人生的导演，你想呈现一个什么样的人生故事？

❤ 时光穿梭到 10 年后，想象一个最让你满意的画面，那是什么样子？

❤ 在这个画面里，你是什么角色？什么样子？围绕在你身边的都是什么人？

❤ 在这个画面里，你们在做什么？聊什么？大家的表情如何？氛围如何？

❤ 10 年内你想要有什么作为？你想要的生活、事业是什么样子？

❤ 你真正热切想做的是什么？让你乐意奉献时间和财力，忘记时间的事情是什么？

❤ 你知道的人中，有没有谁正在过着你想要的人生？那是什么样的人生？

❤ 你怎样做才可以获得自己想要的生活和事业？

❤ 你是否在遗失生命中真正重要的东西？

❤ 你去领一个非常重要的奖项，那是什么奖？你的获奖感言是什么？

❤ 你被一个杂志采访，在这次采访中，你最想传递的一个人生理念是什么？

❤ 时光穿梭到更远，当你离开人世的时候，如果你要在墓碑上刻上一句话，那会是什么？

❤ 来参加你葬礼的都是哪些人？他们对你的评价是什么？

从他人的人生故事中收获思路和视野，感受内心的愿景，和来自你灵魂的声音，将现实中的小我与高处的大我紧密联结在一起，便是内心导师的来源。我们不需要时时依靠外部的支持。在你选择伴侣时、考虑是否生育时、转换职业时、离开职场去创业时，可以靠内心的直觉和智慧，从内心找到答案。他人的建议和意见只是帮助你明确内心的那个选择是否正确，帮你散发新的思路，赋予你心的力量。真正的力量和答案一直在我们自己身上，可能只是缺少勇气使它们真正地喷发出来。如何运用内心的导师呢？非常简便的一个做法是：在你需要做某件事时，去感受未来的那个自己，那个很棒很自信的自己会怎么做。比如你马上要去参加一场面试，如果你是理想中的那个自己，她会穿什么衣服，如何与面试官娓娓道来自信地表现？再比如你这个周五要做一个公司报告或者周末站上舞台在很多人面前分享自己的故事，这会让你压力倍增，你理想中的那个自己会如何表现？一定是淡定自若地站上舞台，有理有据坚定地面对大家，她又是如何做到的？先想象遇见卓越的自己，再像个演员一样去表现，最后再成为未来的自己，仅此而已。

从小我走向大我

找到内心导师，听从内心声音，用原来我们从外部抓取的信息影响内心，我们仅仅只是找回了自己，看到了那个深刻而真实的小我。现在我们可以以崭新的面貌，通过清晰的路径由内而外去呈现自己，为社会效力。走到人群中间去绽放自己，遇见无限可能。小我是从外部向内旋转，以自己为中心，拥有稳定的内核。大我是由内向外旋转，将自身的能量散发出来，超越自我，独立行走更长远的路，背负更大的社会责任或者崇高的人生使命。

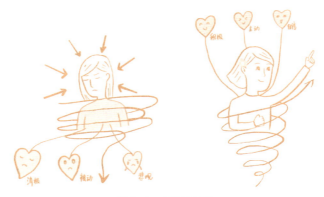

图 2-6　小我与大我

　　每个人都有自己的人生阶段和能量频率。你可能没有什么专长、天赋才干或者什么了不起的成就事件。但是我们无须像他人那样一定要做出卓越贡献，也许只是和志同道合的朋友一起合作，贡献自己的才能，创立公司；或者在公司里与团队一起优势互补，完成项目，为企业创造价值；也许是参与非营利组织，担当一些职责，给他人带来一丝温暖。这些都是从小我走向大我的过程。如果说小我是回归本心，大我则是拥抱世界和他人，绽放自己的力量。

像花儿一样绽放

　　女性什么时候最美？呈现真实的自己时最美，活出自己喜欢的样子时最美，接纳不足，承认缺点，即使不喜欢自己的生活也能坦然接受并勇敢前行的时候最美。我们都有优点和不足，客观地看待自己和他人，不跟别人比较，不做自己的差评师，不再一直否定自己。正确认识到自身的价值，便能建立对自己的信心。很多女性在接受别人的赞美时首先会想到自己的不足，不想做一只出头鸟，实际上大方地说声"谢谢"足矣，既认可了自己也感谢了别人，因为那就是他人眼中的你啊。上海自我关怀心理咨询中心创始人、萨提亚培训师赵倩（Eva）老师在访谈中给我们分享了如何呈现女性最美的状态，以及如何关爱自己的方法。她说："我们每个人需要向大自然去学习，向花花草草学习。你看大自然里的每朵花、每棵草，都在真实做自己，不会觉得我这儿不好、那儿不好，真实的样子就很美。"她还给了那些正在拼命工作、努力提升自己又兼顾家庭的女超人一些关爱自己、欣赏自己的小技能：

第一步，我们从一个具体的行为开始，进入到内在的一个品质；

第二步，我们需要有内心联结；

第三步，开始欣赏自己，欣赏后画个句号，不要画省略号。比如欣赏自己时用"我很美"，而不是"我很美，但是……"。当你能欣赏自己的时候，你会更有价值感，更自信，更容易欣赏别人；如果你内心很空，你去欣赏别人时，可能都不愿意说出这样一句夸赞别人的话，因为你底气不足，价值感缺乏，内心会投射出来。

我们绽放的力量是与生俱来的，只需要去发挥自身能量和优势，回归女性原有的状态，在自我抱持的空间里不断成长，去过真实的生活，去做真实的自己，不要有太多的心灵束缚。《少有人走的路》[1] 作

1　［美］斯科特·派克. 少有人走的路. 于海生译. 长春：吉林文史出版社，2007.

者斯考特·派克的说法是"要及时修正自己的心灵地图，而不是固守着老地图"，去唤醒自己，绽放自己，才能内外丰盛。我们都可以做到，只是节奏不同。美国一首在网上很流行的小诗《走在自己的时区里》(Time Zone)，给生命的节奏做了很好的诠释：

在时间上，纽约走在加州前面三个小时，

但加州并没有变慢。

有人 22 岁就毕业了，

但等了五年才找到好工作！

有人 25 岁就当上了 CEO，

却在 50 岁去世了。

也有人直到 50 岁才当上 CEO，

最后活到 90 岁。

有人依然单身，

而别人却早已结婚。

奥巴马 55 岁退任总统，

而川普却是 70 岁才开始当。

世上每个人都有自己的发展时区。

身边有些人看似走在你前面，

也有人看似走在你后面。

但其实每个人在自己的时区有自己的步程。

不用嫉妒或嘲笑他们。

他们都在自己的时区，你在你的时区，

所以，别放松。

你没有落后，

也没有领先。

在命运为你安排的属于你自己的时区里，一切都非常准时。

好，别忘了危机与奋斗，

难，别忘了梦想与坚持，

忙，别忘了读书与锻炼，

人生，就是一场长跑。

思考与练习：
设计完美的一天

　　如果有完美的一天，我希望这一天这样安排……请在下表中写下你这一天最想做哪些事，写在对应的维度表中。如果某一维度没有被安排，请空着。

设计完美的一天		
人生意义与目标	工作事业	家庭关系
————————	————————	————————
社会人脉	财富理财	健康
————————	————————	————————
个人成长	自我关爱	休闲娱乐
————————	————————	————————

第3堂
女性情绪课

一、直面情绪：
化解情绪的核心是找到根本原因

情绪是什么？是我们对感受的反应。比如你在会议室里即将要面对领导做年终报告，你紧张，开始心跳加速，手心发汗，有一种坐立难安的烦躁或压力感。

人的认知有四个阶段：不知道自己不知道、知道自己不知道、知道自己知道、不知道自己知道。情绪的发生也是认知的体现，当你跟孩子交流时，你会发现与他难以沟通，怎么交流他也无法听进去，特别想发火，殊不知对话双方认知根本不在同个频道。相信妈妈们或多或少都有过这样的经历。秉着"谁难受谁改变"的态度，妈妈就需要反思孩子的不知道。孩子没读过这么多书，也没有成人的人生阅历，所以需要从孩子的认知角度和思考方式出发换位思考，这样沟通就容易同频，这也是妈妈们认知层面的跨越。这个方式同样适用于任何场合、任何人。人与人毕竟是有认知差异的。接下来我们来破解情绪背后的认知差异，拆解情绪模式，消除情绪与认知之间的鸿沟。

你在什么情况下有情绪？想一想过去的经历，你发火、沮丧、焦虑、开心、喜悦的时刻，是什么让你产生了不同的情绪？女性整体相对偏感性，敏感程度与男性相比较更高，在感知情绪方面有先天的性别优势。同时情绪是一种反馈机制，它告诉我们什么是正确的，什么是重要的，哪些是我需要的。被满足或者没有被满足的部分所反馈出来的情绪状态，是一种表达自我内心感受和向外界传达内心需求的信号。情绪的本质是身体中感受到的能量。当我们愤怒、委屈或者悲伤时，能量堵在身体里产生让我们难受的感觉。对于身在职场的女性来说，我们会遇到哪些情绪阻碍呢？这里分享两个不同场景的真实学员案例给大家。

案例一：遭遇职业瓶颈的焦虑（原生家庭不被认可）

Lin（化名）是前年跟随我学习的学员，37 岁，某大型医疗企业招聘经理。职业发展到中年遇到瓶颈，困惑是寻求外部机会还是继续在目前岗位上进一步等待机会。她的年龄马上奔四，职业上升通道有限，想要升职做招聘总监但上司是一位工作多年的老领导，距离退休还有相当长时间。如果领导不离开，上面缺乏晋升职位空间，就只能在目前的职位上继续等待晋升机会。她犹豫不决，毕竟目前公司已经是行业的顶尖公司，离开有点可惜，还会面临面试新公司因为年龄被拒绝的风险和稳定性担忧。在现在这家公司工作近 10 年了，走出舒适区需要很大的勇气。而如果延续现状，就是日复一日，不仅工作内容枯燥而且前路未卜，这是她焦虑情绪的来源。

我们剖析她焦虑背后的根本原因。表面上看是年龄大了，遇到了职业瓶颈，需要做二选一的职业选择题，但她内心其实隐藏着对自己的期待和对自己价值的认可。当我们谈及她原生家庭时，她哭了，原因是她妈妈在她小时候对她有很高的要求，她妈妈也是一个自我要求非常高的人。这导致她很小的时候就非常努力地读书，希望被妈妈重视，得到妈妈的夸奖，但妈妈很少去夸奖她。这让她从小就对自己认可度不高、价值感不强，需要不断用成绩、职位来对自己进行认可。在面临职业瓶颈时，她下意识觉得自己不够好，再不升职人生就没希望了，这是很多职场人会面临的情况。最后我问她，如果抛开妈妈和家人对你的期待，你的世界只有你自己，你的世界由你做主，没有任何人对你有任何期待，你内心的那个声音是什么？她说：我只想做自己，现在也挺好的。

图 3-1　焦虑情绪

图 3-2　潜意识中的需求

　　Lin 的案例告诉我们，不论我们多大年龄，有些幼年时就隐藏在我们潜意识当中的需求一直都在，只是没有被挖掘和看见。职业瓶颈是外部真相，内心真相是得到家人和社会的认可。当知道自己知道以后，有能力接住外部的期待，并能从容放在一边时，我们就能开启智慧情绪稳定地去做自己，积累能力，等待机会，勇敢走进自己的人生时区，实现自我价值。

案例二：被领导 PUA 的沮丧（内心缺失力量）

飞儿（化名），29 岁，研究生毕业，在小城做着工程项目文书工作。刚开始她来找我时只是觉得职业选择与内心期待的事业不匹配，个人发展空间受限，不适应公司文化，但迫于生计，只能受困于目前企业。与她深聊后，我发现并不是职业选择问题，而是来自领导对她的深度控制（PUA），导致她工作动力不足，内心缺失力量应对现状，一度沮丧。领导经常会批评她，不管大小事，领导总能从中挑出毛病，给她更多工作任务。她时常会因为同事大小事的请求和寻求帮助给打乱工作进程，一天下来帮同事做了不少工作，而自己的工作却没有时间做。她不懂得如何去拒绝同事，存在取悦同事的心理，缺少安排重要工作和时间分配的能力，使她陷入负面循环当中。开始我们认为是她领导素质有限，她自身的工作方法需要改进，但匪夷所思的是她换了新的工作，遇到的领导依然对她 PUA。两次出现同样情况，我们发现根本原因在于她缺乏拒绝和反对他人的力量，缺乏 "Say No" 和表达自我立场的能力。后来在我的帮助下她成功地拒绝了并不爱她的男友，建立起每日工作目标，在工作当中设立与同事合作的方法。很多事情我们总是习以为常地向外部寻找原因，真实原因其实是自身循环系统出现了问题。当内心缺乏力量时，外部只是我们内心的折射。

如何面对沮丧、内心缺乏力量以及自我情绪处于消耗的状态? 我们选择 "去看见她"。从当下看她现在所处的状态，从高维视角去看她所处的情绪阶段，她就像一个受伤的小女孩在接受挨骂，讨好身

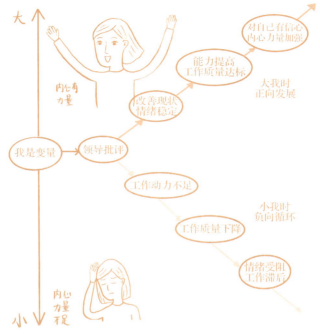

图 3-3　大我内心力量 VS 小我内心力量

边的同事，希望得到大家的接纳，在这里寻找归属感，这就是她内心
那个小孩的写照。从过去看，因为上学时父亲意外车祸，打乱了她成
长的节奏，家境不好让她背负起了家庭的责任，压力剧增。原本有父
母给予支持，现在变成了她要照顾母亲。对未来也没有明确清晰的方
向，对自己充满了不自信，处于负面情绪当中，在工作和人际关系中
总想把自己隐藏起来。当她"被看见"后，积压已久的情绪就像洪水
一样喷涌，眼泪止都止不住。就像下水管堵得时间越久，污垢越厚，
行为模式和想法都会变形；一旦水管卡点被看见，被突破，污水获得

释放，内外才能变得通畅和清爽。很多大病都是情绪拥堵出来的，情绪堆积太多没有及时被疏通，最后身体出现恶疾。建议你有情绪的时候适时找人聊聊或者寻求帮助，不要在心里积压太久。

身为女性，我们内心的力量其实是来自内心的通畅和外部行为的知行合一，只有这样才能无所畏惧。如果你只关注现状如何，就很难找出根本原因；当你站在更高的位置，用未来视角来看情绪，就会豁然开朗。很多问题是我们下意识以为的问题，80% 都是情绪问题，而情绪问题是由于认知层次上的偏差。提升认知，让每位女性被看见，是我们这个时代的刚需。

综合上面案例，相信我们对情绪有了更深的认知。如果下次你再面对情绪问题时，不妨冷静下来思考。高手的做法是：从不同维度重新审视自己。为了方便你理解，我们一起来看下图，具体有四种方法可以帮助我们直面情绪：

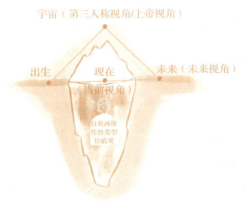

图 3-4　审视自己，直面情绪

第三人称视角 / 上帝视角：俯瞰当前小我

有情绪的人会陷入当前感性的感受当中无法自拔。如果你和同事意见不一致，想要说服对方接受你的方案，但对方偏不听，你是不是很生气？但如果你能跳出自我，"站在头顶上方"俯视自己当前状态，重新审视解决方案和不同的意见，就会发现自己的方案未必比人家的好，或者适合当下。如果用更高的视角看自己，你会发现很多时候只是执着于小我的执念，这是自负心理。但如果能迈开腿从"我"走向"我们"，那就太好了，走出自我空间，采取对彼此都好的方案，达成共识也就不难了。

未来视角：从未来看现在

把时间拉长一点，假设从 5 年、10 年、20 年后看自己，你还认为这点事会是很大的事吗？值得一直这么悲伤、苦恼，沮丧和生气吗？不如放过自己，好好享受生活，做点对自己未来真正有用的事。情绪有时候是把双刃剑，用得不好，就会让自己一直处于困境当中；如果我们用得好，就能很好地修炼自己。

当前视角：看原生家庭

案例一的 Lin 就采用了这个视角。看似遇到职业瓶颈，需要马上做选择题，实际上是原生家庭对她的认可度不够，心理没得到满足。后来发现晋升不是她最终要追求的目标，心理上的自我认可才是。所以她需要对自己有更多认可的动作，比如"肯定自己""梳理自己的成就事件"等，将原来的外部认可逐渐转向自我认可。同时从感受层面转移到事情层面上，一旦在事情层面上拥有更多成就感，那么她会对自己越来越相信。

借助他人的力量：直面当下的情绪和不完美的自己

直面情绪，放下"好面子"都需要勇气。谁不是从"难堪"到"好看"的？案例二的飞儿借了外力，导师帮助她看到自己的状态，修复自己的创伤，最后拥有了疗愈自己的内心力量，不断升华内在心力变得更有勇气应对生命中的不顺意！拒绝男友、离开前公司，重新开始新的生活和工作，她做到了。

二、情绪自由：
情绪流动，不做"完美女性"

两年前我和大多数人一样认为情绪有好坏，分为"正面情绪"和"负面情绪"。把"正面情绪"看成"好的"，把"负面情绪"定义为"坏的"。就像小时候给妈妈报成绩一样，只报喜不报忧，把"坏情绪"留给自己；长大后发现自己变了，展示给同事朋友的是积极、乐观、充满正能量的一面，把"坏脾气"、脆弱留给了家人。如果你结了婚生了孩子，感受会更加直观。你会在另一半、孩子身上投射出你的情绪和不满，而这些情绪背后是有原因的。

我的学员 Jan（化名）在上市公司做人力资源业务合作伙伴（HRBP），目前负责子公司所有的招聘工作。未来在职业发展上有一定的上升空间，薪水也很不错，她工作也非常努力。她的困惑是无法兼顾到家庭，最近明显感觉到自己的无力，不知道向谁诉说。工作上的忙碌让她透不过气来，领导对她充满期待，下班回到家另一半对她表现出不满，工作与家庭压抑的感觉不断上升。我问她：你对家人孩子表达过真实的感受，示弱过吗？有向同事或家人寻求过帮助吗？她摇了摇头。随后，她的眼泪直面而下，再也压抑不住自己的情绪，坐在我面前的女强人瞬间变成了泪美人。一顿痛哭后，她反而变得平静起来，开始反思自己的现状，积极寻找解决方案，并打算在周末的时候和另一半聊一聊。

我也遇到过能量不足的时刻。某一天早饭时我就当着先生和孩子的面表达了我的焦虑和着急。如果工作和家务我都需要兼顾，就无法专注写书，所以我此刻特别希望能获得他们的帮助。我的先生听到我这么说后当天就负责了全部的家务，并在周末开启了全天带娃模式，支持我把时间投入到写书中。

有时候并不是家人不理解，或者同事不理解，而是我们没有主动创造对话的机会。千万不要让家人猜测，你想要什么就直接说，这没什么难堪的。让我们难受的不是问题本身，而是问题给我们带来的情绪。这股负面情绪在我们身体里积压得越来越久而没有流动起来。那如何让情绪流动起来呢？就是用能够表达你情感的语言，准确地表达当下的感受和内心的状态，没有任何附加条件，也不带评判地表达真实的情绪。无论是积极、快乐的，还是悲伤、焦虑的，我们都可以向家人、朋友或者同事、导师表达，让身体的那股"气"流动起来。情绪一旦流动就像家里的门窗突然打开，你会感觉空气清新，能量流动。如果你把情绪关在房内，门窗紧闭，房间里就会缺氧，空气会变得越来越稀薄，情绪的压力会越来越大，直到透不过气来。那么阻碍我们情绪流动有哪些原因呢？我们来反观一下自己：

内心戏太多

有些姐妹内心戏太多，不管是情绪层面，还是心理层面，她们都会先往最坏的结果上想。比如万一我跟领导表达了我的想法，他会怎么看我；万一我向另一半表达了我的焦虑，他会不会和我争吵？我们为了避免被伤害，拒绝流露和传递自己的真情实感，关上了与人情感连接的窗口，紧闭了自己的心灵大门。更有甚者，我们严重低估了领导的情商和另一半的理解能力，也就是我们无法完全相信他们有能帮助我们的能力，信任度不够。

情绪表达方式不对

我们传递情绪并不是为了给对方造成压力，或者发泄情绪，而是为了解决问题；获得支持。我们在表达情绪时要注意表达的方法和节奏，用真实客观的表达方式，而不是用猛兽般的方式突击，让自己的节奏变得不可控。我们表达的时候要围绕着"事"，而不是责备人。情绪流动的本质是获得人与人情感上的正向链接、理解与支持，而不是再一次激起负面的"战争"。

拒绝正常的情绪流露

情绪流动是一个成年人正常的需求。被压抑了的情绪积累得足够多，总有一天会爆发。与其做一个情绪稳定的成年人，不如做一个能正常表达和化解情绪的成年人。很多人身体里的疾病一部分来自生活中的坏习性，还有一部分来自情绪上的经久积压。做过 SPA 的人都知道，当 SPA 小姐姐按着你背部一个痛点时她会告诉你这里淤堵了，需要帮你疏通疏通，痛则不通。同理，情绪也需要疏通，疏通就来自于情绪流动。刘德华曾经的一首《男人哭吧不是罪》不知道引起了多少男性的心灵共鸣，如今大家戴着的面具实在是太厚了，戴久了都不记得自己也是一个正常人，有各种正常的情绪流露，戴着面具只是故作坚强。

我的好友涓妍老师也帮我做过情绪疗愈，帮助我看见幼年时我没有能力接住的潜意识情绪的积压。她在帮我处理情绪流动时的方法很好用，我总结为这几个步骤，分享给正在读这本书的你，你可以按照步骤进行，帮助你或家人、朋友做情绪疗愈：

第一步：你此刻有什么样的感受？（沮丧、焦虑、愤怒……）

第二步：闭上眼睛，回想过去，你看到了什么样的画面？

第三步：画面中发生了什么？有哪些人，你想对他说什么？

第四步：告诉他，你此刻想对他说的话，说什么都可以，可以哭，也可以骂。把一直压在你心里想说却没有机会说出来的话大胆地说出来。

第五步：全然地接纳自己，并对伤害你的人说声谢谢。

第六步：回到现实中，感受身体的变化。

情绪流动最好的方法是去"看见"自己所处的状态。如果有负面情绪最好找到释放情绪的通道，例如找朋友聊聊天，或者和家人敞开说一说心里话等都是很好的方式。当我们的情绪处于自然流淌的时候，也是我们力量感最强、内心感受到自由的时候。

三、人格成熟：
如何既能理解自己，又能共情他人？

什么是人格成熟？用一句话来阐释就是拥有判断和选择意识，并能自行承担风险和结果的能力。女性相对感性，本节我们来探讨如何理性思考。

人格成熟的必经之路

如何拥有成熟人格，可以从这两个部分出发：

第一，理解自己的过去与现状，明确自己的立场。意味着你不受过往的经验、当下的情绪，和已有的认知所局限，而是明白自己处在什么环境中，自己可以做些什么、哪些是目前还做不到的、自己身上有哪些局限等。可以进行反思，或者更加全面地去思考，甚至可以把事物相关的细节列出来，作为判断选择的参考项目或标准，从而使你拥有掌控感和选择权。

第二，有能力分析结果，并承担相应风险。这需要我们去了解事情的正面与负面情况，不靠冲动和凭空想象作出决定。而要分析在面对这件事情时，拥有哪些好的处理方法，这些选择和处理方法会带来什么样的结果，不同结果之间会有哪些差异性，自己需要在这件事情中付出哪些条件，以此反思自己有没有能力去承受和应对这些事情的最终不确定性结果。

很多事情并不是我们努力了就能 100% 拿到结果。就像创业，失败的概率达到了 90%，如果仅凭一时冲动创业大概率会失败。如果去心仪的公司面试，面试岗位竞争激烈，如果你能分析自身的优势、招聘的需求，以及企业的价值观，掌握好面试技巧，面试的成功率就能大大提升。所以，有意识地全面考虑是人格成熟的必经之路。

运用心灵之镜理解自己

如何在人格成熟中理解自己，我们来做一个游戏：

第一个场景，闭上眼睛给自己化妆，你觉得会出现什么情景？

第二个场景，闭上眼睛从衣柜里拿衣服，按照过往的感受，情景和经验，从里面挑选一件你喜欢的衣服穿在身上，想象一下自己穿着的样子，再睁开眼睛看看此时的情景会是什么样子；

第三个场景，闭上眼睛想象你喜欢的男生，然后把他画在白纸上，你觉得会出现什么样的画面，睁开眼睛看看你画出来的他。

如果你做过这个游戏，就能理解作为一个成年人，我们很难将自己所知道的完完全全地展现出来。就像我们天天给自己化妆，对自己相当熟悉，也很难在闭上眼睛时帮自己化好妆。这其实是心理学上的"镜映"，我们需要通过镜子来帮助自己看见那些看不见的地方，使我们对事情的认识更加客观和全面。当我们睁开眼睛的时候，就是通过心灵之镜审视和看见自己理解的部分。当我们有情绪的时候，我们要分清楚什么是情绪，什么是感受，什么是个人想法，这对我们保持觉知、拥有判断能力很重要。

个人想法是什么？是你认知的体现，是你怎样理解、解释自己的感受与情绪，涉及大脑加工的过程。如果一个人的认知是单维的，意识不到自己的边界与不足，就会看到满世界都是钉子和坏人；如果一个人认知维度很高，包容性就会很强。一个人的成熟度其实就是镜子和认知维度更全面的综合体现，它不容易被情绪所控制，相反它能对情绪有更全面地认识。那我们如何不被感受所控制呢？

不被情绪控制的 2 个方法

第一个方法是保持先觉先知和练习分析的能力。很重要的一点就是去看见自己到底被什么所控制，是什么触发了自己的情绪开关而无法控制？有些女性在面对两性关系时就特别敏感，看到有女性给男朋友或者老公发来信息马上就怀疑有第三者，开始找另一半的手机做个验证。她的第一反应是情绪上头，需要立刻马上解除她内心的防御机制，否则很难理性和体面地看待和处理问题。对于当事人而言，正确的做法是先冷静下来，理性地思考和分析，情绪稳定后去与另一半开放地交流。

第二个方法是平衡外界的要求和自己的需求。相信我们都做过冲动的事情，一旦感性上头就不受理性控制。对于强理性的人来说，强压着情绪也是非常痛苦的事情，这就需要我们平衡感性和理性、外界的要求与自己的需求。假如你正出差，出发前喝了不少咖啡，开到高速公路上发现堵车堵得厉害，这时你特别想上厕所。感性部分是"我想上厕所"，外界的要求是"高速公路上就算堵车也不能离开，车里不能没人开车"。正确的做法是出发前少喝点咖啡等液体，提前看好路况规划出行的路线，这样就不会感性地想喝就喝，不顾后果了。

锻炼共情能力的万能公式

现在我们理解了自己，不被感受所控制，那么接下来我们如何去理解他人共情他人呢？其中不乏相似的地方，就是将感受自己的方法代入到他人身上。共情他人并不难，下面是锻炼共情能力的万能公式：

看见他人→代入对方身体→感受他的感受→接纳、理解和赋能

将自己代入到对方的身体里面去。假如你觉得某一位下属最近情绪不好，工作积极性不高，你想帮她梳理一下，看看她问题到底出在哪里。这时，你将自己代入到她的工作情境中，和她对话，将

她的感受运用在自己身上，也许就能理解她此刻的情绪。如果再深挖一下，可能是工作中因为一些事情受委屈了，或者是最近父母身体状况不好很担忧。用一个场景来形容这位下属此刻状态的话，她就像一只白兔躲在墙角需要被人看见和安抚，领导这时如果拿着皮鞭赶她往前走，效果甚微。要知道，我们的很多情绪都是自己没有办法应对，向外界表达内心脆弱的一种方式。而我们只要知道这一共情路径，理解他人表达脆弱的方式后，便能很好地共情他人，达到既能理解自己，又能共情他人这一目的。

四、情绪管理：
感性女性、理性女性的不同情绪管理方法

市面上有不少情绪管理的方法，有情绪管理，有情绪自控，方法多种多样。情绪自控是无形中有一股力量在抵御情绪的发生，否认情绪的存在，让情绪不断积压，积累到一定的程度终有一天还是会释放出来。而情绪管理可以激发情绪，让情绪流动，也可以是情绪管道，总之，情绪需要流动并释放。管理情绪就是让情绪合理地流动并释放出来，而不是将其强压下去隐忍待发。

有效管理情绪通常是指将负面情绪转变为正面情绪，并且让情绪不断升华的过程。让我们变得更有勇气，也越来越平和宽容。管理情绪的方法如同一个人得了感冒，要吃感冒药，快速见效，但未必能有效治疗"病根"。而这个"病人"的"病根"可能是因为长期没有休息好，导致了身体免疫力下降。管理情绪的方法也是如此，能快速帮助你缓解情绪的压力，但内在引发情绪的"心魔"并没有得到有效的"根除"。管理情绪的方法因人而异，感性的人和理性的人管理情绪的方法也是不同的。

理性者管理情绪的方法：一念之转

人是复杂的动物，也是会思考的动物，每个人都有自己的思想体系。一念天堂，一念地狱，想要破固定思维的局，看到内心匮乏所投射出来的情绪很关键。"一念之转"来自《一念之转》[1] 这本书，这本书介绍了简单有效破除小我的方法，检视我们头脑打结的问题，通过改变我们大脑的信念，让我们从紧张、焦虑、忌妒、痛苦的情绪中解脱，使我们当下的生命变得轻松自在，具有活力，从小我走向大我。举个例子：领导干预我的工作细节。如果我的信念系统负面，就会演变成领导不信任我，我觉得自己无能为力。我会用更多证据来支撑我的观点是正确的，比如领导对我指手画脚、领导布置过多的工作任务、领导给我打鸡血让我反感等。一旦负面地看这些问题，情绪会越来越低落，工作中变得沉默，得过且过，想要尽快辞职。如果我能重新审视并反转信念，将负面转变为正面，也许会发现领导不信任我不是真正的事实。理清内心，逐渐把不符合事实的信念一一清理，回归真实，放下自认为解读到的信息重新解码为正确的信念，将工作上的困难向领导汇报，请求领导帮助，和领导沟通工作进展并聚焦接下来的工作重点，那么负面情绪就不复存在。《一念之转》一书里有很经典的 4 句话，可以帮助理性思考者识别自己的情绪，检验情绪背后的真相，分别是：

1　[美]拜伦·凯蒂 . 一念之转 . 周玲莹译 . 北京：华文出版社，2009.

这是真的吗?

你能百分百确定,这是真的吗?

当你有这样的一个想法的时候,你有什么样的反应?

当你没有这样的想法的时候,你又是什么样的反应?

想要完整地转变念头,需要反向思考。这意味着理性思考者会经历 4 个阶段:

第 1 个阶段,内心在事实、信念、情绪混淆不清的阶段;

第 2 个阶段,逐渐分清是事实、信念,还是情绪;

第 3 个阶段,逐渐发现相信某个信念就会看见这个信念相关的事实,逐渐对之前坚定的信念产生动摇;

第 4 个阶段,一语道破梦中人,顿悟的状态。

按照这个步骤思考,你也能很好地找到自己情绪的根源,这是理性者思考的方式。你的情绪会通过你思维认知的转变而改变,所以当你的认知变了,情绪立马就会发生改变。你的重点应该在于怎么看事情,事情的真相到底是什么,聚焦的并非是对事情的感受,而是事实。

感性者管理情绪的方法:释放情绪

感性的人,心功能很强大也很敏感,如果有情绪没有及时排解就会一直卡顿。我遇到一个学员是知名教育公司的合伙人,她来学习我的目标规划课，报名后学习却没有动力，直到课程结束后我对学员做回访，她才告诉我她处在一个心理特殊时期，原因是情绪积压着，对学习提不起任何兴趣，但又很想改变自己，所以很矛盾。她说自己心里很压抑，很多东西交织在一起，自身学过国内外很多心理学的系统课程，但内在深层次的需求并没有得到清晰的梳理，沉不下心来学习，学着学着心就飘走了。我把她推荐给最擅长情绪疗愈的好友涓妍老师，帮助她做深层次的情绪疗愈，在疗愈过程中将原始的情绪释放出来。没想到第二天她就迫不及待告诉我有了新的进展，她说自己太开心了，她看到了"真实的自我"。从过去到现在她一直在发展自己最不擅长的一面，按照别人期待的样子在活着，隐藏了她的天赋优势，让原本闪闪发光具有优势的自己被压抑着，没有机会发挥出来，而现在的她终于"看见"了自己。你看，发现自己，是多么美妙的事。

情感类型很感性的人如何情绪释放呢？分享我自己的一些情绪管理经验。我自己是典型的理性者，在心理学中是 NT 类型。但人到中年突然觉醒，心功能越来越强，过去积压的情感会慢慢流露出来，我会情不自禁地流眼泪，提起过往的事情会悲伤。刚开始时我会鄙弃这些情绪，认为它们无用且软弱。但随着每一次情绪出现，我都去勇敢面对并释放时，我感受到自己的内在力量在升起，它让我变得柔软而有力量，我对自己越来越接纳，也越来越喜欢这样的自己。如果你正在觉醒，或者本身就是情感类型，这些释放情绪的方法很管用，就像用一根导管让情绪缓缓流出去，而不是让它们被控制被压抑。

（1）敞开自我，真诚表达

找到信赖的朋友或者导师，向他们分享让你愤怒、悲伤、恐惧、焦虑的情绪。请他们向你提问，回忆让你产生情绪的事情经过。分享你在这个过程中看见了什么，听到了什么，感受到了什么，把压在你心里很久的话说出来。去释放那股让你无法诉说却藏了很久的情绪，说完后你会感受到体内暖流上升并感觉到全身通畅。市面上有不少这样的小团体课程给我们赋能，有专门的情绪疗愈师给予我们引导，如果你遇上这样的活动不妨去体验一下。

（2）允许情绪释放

如果你想哭可以找个地方哭，如果你很愤怒可以去运动，如果你焦虑就去冥想，流动并释放你的情绪，让一切自然发生。可以听听音乐，感受内心的感受，觉知当下身体的变化。我不倡导你做一个女强人，装作很刚强的样子无视自己的情绪，那反而是对自己脆弱的不接纳。生而为人，我们有喜怒哀乐、爱恨贪痴，要允许自己有这些感受，并合理地管理和流露它们。

（3）自我赋能

接纳自己本来的样子，知道自己是什么样的人。如果你不清楚的话可以找身边的朋友、父母、同事给你反馈，搞清楚自己优点和特点。如果你很外向，可以在朋友圈发条信息让大家给你留言或者私信你；如果你比较含蓄，可以私信给你的亲朋好友，问问他们在你身上看到的优点、缺点和最喜欢你的地方，通过他们的反馈去看见自己，反馈会帮助我们看到自己看不到的部分。同时我们需要确信，我们活着是有价值的，这份价值不在于金钱多少，职位高低，而是将自己作为独立的个体，对自己的选择和人生负责，不用为了别人的眼光而证明自己时，我们的人生就还给了自己，我们都是个体命运的唯一责任人。

（4）爱的链接

情绪在心理学中分很多种类，有原生情绪、次生情绪等。还有一种情绪是原生家庭带来的，小时候因为父母的打骂，被别人轻视等，人长大后会开始流露自卑的情绪。女性如果内心力量不够，多半是因为幼年时期父亲力量的欠缺。父亲在孩子成长路上给予的爱和支持不够，导致女性成年后不自信，遇到事情会先否定自己，进行自我怀疑等。当你有情绪时，多回家和父母沟通，给父母打打电话，感受父母的爱和温暖、支持与理解，感受家庭对你的支撑。多对父母家人说声"我爱你"，对你想感恩的人说声"谢谢你"，对伤害你的人说声"没关系"。

情绪是上天送给每位女性的一份特殊礼物，每一份礼物背后都潜藏着很多信息。只要我们勇敢面对，就能"看见"自己。主动拥抱情绪，不断完善自己，修复自己，让自己变得越来越有力量。这些情绪都是来"渡"我们的，帮助我们变得更成熟、更笃定、人生更加幸福。

思考与练习：
情绪管理自测表

情绪管理自测表 1——心理层面

自测项目	5分	4分	3分	2分	1分
情绪来了，我能感知到情绪的来临					
我可以随时明确情绪当下的状态					
我能有效表达情绪，用表情或者肢体动作表达					
我能接受并控制自身情绪，避免深受影响					
我有积极乐观的信念，不断追求进步和自我完善					
我能感知他人当下的情绪及其变化					
我懂得如何与自己对话，内心平静笃定					
我擅长处理各种人际关系，具备良好的沟通能力					
我善于管理自身情绪，能更快度过情绪低潮或情绪过度高潮					
我在遭遇挫折后能很快复原，极少沉沦或抱怨					
情绪波动中，我的正面情绪多于负面情绪					

注：5分为相似度最高；1分为相似度最低，请在贴合自己描述的方框中打√，自评仅为个人参考使用。

情绪管理自测表 2——与他人关系层面

关系人	满分	自评	差距分	改善行动方案
爸爸	100			
妈妈	100			
老公	100			
孩子	100			
领导	100			
下属	100			
客户	100			
……	100			

注：比如我与妈妈的关系自评分是 85 分，差距分是 15 分，改善的行动方案是工作再忙也要多给妈妈给打电话，多关心她。

第4堂
女性自信课

一、底层逻辑：
女性的自信从哪来？

很多人认为，自信是一种乐观精神；也有人认为，自信是做自己擅长的事；还有人认为自信是财务独立、外表美丽、拥有话语权……关于自信，你会怎么看？新氧发布的《2019 中国女性自信报告》显示，超过 30% 的中国女性为高自信者，其中近 90% 认为自信来自外貌的美丽，其次是学历或知识水平，排在第三的是经济收入。同时，随着近几年的经济发展，女性的自信心正在经历一个由外而内的过程。在各大院校或培训机构通过学习来提升自己的女性人数大大高于男性，越来越多的女性不再停留于外表的美，而是选择内外兼修，甚至由内而外的提升自信程度。

那么，自信到底是什么？

拥有自信是一种不断超越自己，无论是在顺境还是逆境，都能产生一种源于内心深处最强大力量的过程。这种强大的力量使自己拥有完成任务的能力，产生一种毫无畏惧、战无不胜的感觉。无论困难多大，面对的竞争对手有多强，深信自己有办法最终可以达成。

在职场中，那些不是特别聪明或者特别能干的人却总能得到提拔或者拥有更好的项目机会，特别是男同事可能拥有更多机会，是因为他们看起来更有信心吗？不可否认，信心差异存在于不同性别当中。有研究发现，在工资谈判中男性的薪水普遍比女性要高出至少 20%，男性主动要求加薪的频次超过女性 4 倍之多，原因是，男性高估自己的能力和表现，而女性低估自己的能力和表现，认为学习知识和积累资源才是最重要的，把自信当成了一项软技能。多数情况下，我们拥有远超于过去的知识和资源，但身为女性的我们依然缺乏自信。男性擅长从外部寻找解决方案，而女性则会有很多心理因素，并将原因归结于自己。女性不自信的原因到底是什么？据我近年来的女性学员咨询案例，以及对女性 CEO 嘉宾访谈，通过观察不同女性成长路径和表现的差异性，我认为女性不自信的原因主要表现体现在：安全感缺失、恐惧心理、取悦心理、自我束缚、内心力量不足、自我价值感不强等。

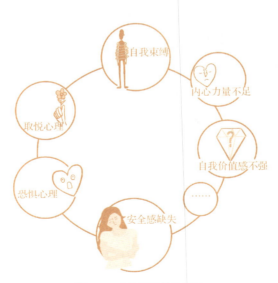

图 4-1　女性不自信的原因

　　怎么来理解呢？我逐个分析一下原因，比如安全感缺失和自我价值感不强，其实是自我存在感不稳定，甚至偏弱。这里有历史环境原因和本人原因。比如，在过去很长一段时间女性地位一直不高，从属于男性，过去的称呼也是男性为首，比如"张太太""李太太"这般的称谓。你要知道，当一个女性依托于他人时，自我存在感就会变得弱小。一旦没有了依靠，或者能依靠的部分有限，内心是没有安全感的。那安全感从哪里来？从自己身上获得！如今的女性越来越努力，不仅努力学习，还努力赚钱，以此来获得独立的思想和独立的经济话语权。

　　其次是恐惧心理、取悦心理、内心力量不足，可以归为一个类别。这三点在很多女性身上特别突出。比如怕男生不喜欢自己，认为自己长得不够漂亮，需要化妆来增加自信；领导或同事的烂摊子丢给你，你硬着头皮笑着接了过来；被别人欺负，你却无法奋力反击，甚至不敢作声，这些都是没有自信的表现。还有一点就是自我束缚，这跟我们小时候的家庭教育和母亲有很大关系。很多家庭教育会要求女孩子应该具备什么样的性格特征。最典型的就是男生调皮是勇敢，长辈会夸奖；女生调皮就被训斥为没有女孩子的样子。女孩子要乖乖听话，这种特定观念其实就束缚了人性，限制了女性思想和行为准则，以至于很多女性成年后难以放开自己，从那些束缚我们已久的条条框框的思维中走出来，实现自我绽放成为这个时代女性的共同追求。其次母亲对她自己的看法也相当重要，女儿会模仿母亲的做事风格、说话方式，和对自己的看法。母亲与女儿朝夕相处，有句话说得好，你靠近什么样的人，就会和这些人越来越像。

那女性的自信从哪里来呢？我想从认知层面分享 3 点给你。

觉醒的力量

如果摆在你面前有两条路，一条是充满迷雾的路，一条是拥有清晰视野的路，请你设想一下自己走这两条路的主观感受。充满迷雾的路尽管会拥有神秘的体验感和惊喜的出现，但更多地会出现不确定性和惊吓，走在路上会担忧、紧张；而清晰视野的路，会让你眼前辽阔，知道天有多大，路有多宽，路上有没有石头和水沟，走在路上的你因为感知明确，认知到位，人会变得轻松和笃定。所以说，觉醒的思想来自你对事物的全面认知，这需要你日积月累的阅历，和学习上涉猎的宽广。

当有一天你发现自己会变老，一顿饭只能吃那么多，孩子会长大，工作会下岗，你就会理解这些真实的规律，看见真实的自己，不再装模作样，不必刻意讨好，不再贪得无厌，你会从心底油然而生一种脚踏实地活着的真实感。不再是活在他人眼中那种虚幻的感觉，感知自己真实的力量，会哭、会笑、会承认自己的弱小，这就是觉醒的力量。

图 4-2　驶入生命之河

三观的塑造

三观就是世界观、人生观和价值观。很多人眼里只有钱，这也是一种价值观。但如果只盯着钱，难免会让人格局狭窄。功利和金钱让很多人失去心智，一旦满足金钱需要，人会向上追求精神层面。当钱不再是人生某一阶段主要追求目标时，有些人会迷失人生方向，如果没有世界观和人生观支撑，就会被价值观蒙住心智。拿自己举例，我的世界观是"宇宙和人类合一，我是宇宙的孩子"；人生观是"爱和链接"；价值观是"愿景、影响力、价值创造、长期主义"。那么你的三观是什么呢？如果你能思考好这个问题，就不容易被其他观念影响，在人云亦云的环境下保持笃定，独善其身，时时清醒。

对自己的坚信

在我眼中，拥有笃定人生信念的人包括埃隆·马斯克的母亲梅耶·马斯克，《人生由我》的作者。她是一个极其相信自己能力的女性，拥有硬核女主范。她的人生遭遇如果发生在其他女性身上，可能会面临后半辈子因为离婚而心灵自陷痛苦不堪的境地中。但梅耶·马斯克在离婚后不但培养出三个成就不俗的孩子，还活出了自己精彩的人生，实现了自我人生价值和孩子教育上的"成功"，这主要源于她在遭遇挫折时对自己那份笃定的相信。当然，梅耶·马斯克只有一个，我们无法成为她，但在逆境时，我们都可以选择相信自己，这是一股强大的相信的力量。

一个女性的自信到底源于什么？我把它们分为了三个层次：

最外层是：家庭背景、样貌、财富、学历、奖杯、职位、薪水……

中间层是：对自己清晰的认知，以及三观的明确和强大的自我信念作为地基，否则外在的物质要素一旦失去，就会精神崩塌；

内核层是：智慧、德行和勇敢。孔子曾说"智者不惑，仁者不忧，勇者不惧"，要想拥有长久笃定的自信，那就让智慧、德行、勇

图 4-3 认知层次

敢日日增长，而勇敢来自能量的提升。

持续的修炼、洞察本质的能力和提升认知层次，自信也会随之而来。

二、重塑自信：
走向台前，成为闪闪发光的你

　　不知道你是否认识壹心娱乐的杨天真？有一次她在采访中谈论到关于自信话题时，她对媒体是这样说的："我是一个完全自信的人，自信的底气源于我能面对自己的优点和缺点。面对所有的缺点我接受它，面对所有的优点我赞美它。"我挺欣赏她的性格，真实无负担地做自己，向大众勇敢展现自己，而不是装作低调或者不屑站出来，害怕被吃瓜群众批判。同样，我们熟知的《向前一步》的作者谢丽尔·桑德伯格曾在一次 TEDx 演讲中提到，女性被系统化低估了她们自身的能力，觉得自己不如别人或者不如男性，低调而隐晦是她们习以为常的为人作风，这其实是她们没有自信、低估自己的表现。我非常赞同这一点，女性没有自信大部分是被自己给低估了。而我认为，在女性身上自信比能力更加重要，因为在我见过的卓越女性中，我还没有发现一个是不自信的。她们都自信地实现自身理想和走向人生卓越，活出闪闪发光的样子。所以，在追求成就前，先让自己拥有自信的心态。

　　去年底，我给一家企业做"女性领导力"小型峰会，现场来参加的人员爆满，其中不乏男性伙伴加入。我发现，在陆续入场时，女性都喜欢选择最后一排落座，或者选择在最不起眼的位置上坐下。

结果是我把她们都赶到了前排，相信现场不少人心里是不爽的，但碍于我这个老师的面子还是服从了安排。与此同时，男性伙伴进来后很自然坐在了前排，其中一位男士坐在了前排第一个位置，第二位男士坐在了前排第三个位置。我个人认为女性走向台前有时候并不是不能，除了自身主观原因，还缺乏一个"推她一把"的人，比如我。课程中间我发现大家非常愿意分享工作经验，贡献个人观点，一起互动，相互赋能，让整个场域正能量流动起来。最后一个环节，所有伙伴轮流分享自己的心得感悟和收获，感觉每个人都在闪着光，真好。会后，总经理特意过来向我表达感谢，夹带着欣喜。对我来说，这是一件引人为傲的事情，推动中国企业打造拥抱包容、公平，多元的文化，让更多女性拥有晋升机会，站在台前，贡献力量，分享观点。这对企业长期发展将非常有帮助，是企业人才发展巨大的潜力推手，我也非常愿意在未来帮助更多企业在内部建立女性成长俱乐部，给到定制化成长方案，和企业一起共同推动这件有意义的事，让企业人才发展越来越好，效益越来越好，职场女性成长的也越来越好。

站在台前不难，但是缺乏勇气的人比较多。只要有勇气站在台前就已经成功了 60%，剩下的 40% 可以通过好好准备内容和一次又一次的打磨迭代自己。记得我三年前为公司准备线下大咖分享活动时，作为主持人的我毫无经验。因为紧张，整场活动我都不在状态，在场的各位伙伴开始刷手机和盯着我背后的 PPT 发呆。会后我还被同事笑了笑说了句"下次还是我来吧！"这一次的经历带给我的是

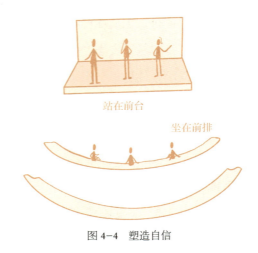

图 4-4　塑造自信

很囧的记忆，但我并没有因此放弃自我成长，而是将培训作为我新的成长起点，不断台下练习台上分享。如今，我已经受邀在各大院校、知名平台担任分享嘉宾或评委，比如哈佛大学上海教学中心、复旦 MBA、领英平台、中欧商业评论、TEDx、Toastmaster、喜马拉雅等。还在 500 强企业作为女性成长导师帮助企业建立内部女性成长或领导力俱乐部，以及交付年度定制化培训内容。下面我将站在台前的经历和感悟分享给你，希望给你带来一些启示。

允许自己出错，在成长中迭代自己

不管第一次上台，还是多次上台的我，从来都没有奔着表现完美而去做任何一场课程分享。而是走心地准备，减少对完美的期待，力求做得更好，允许存在瑕疵、不足，哪怕失败，这都是我成长的绝佳机会，因为完美并不存在。我会在每次上课前不断打磨课件，在最后一刻都会修改；在出发授课前对着镜子把分享内容一遍又一遍从头讲到尾，不断提升自己的语言表达能力，力求比上一次更好。在我入行时曾有培训导师告诉我说，"SUKI，相比你的语言表达，你更擅长文字表达"。我觉得导师是基于对我的了解客观性地评价，不过我认为自己只是缺乏分享和表达的机会，人是可以改变的。基于这样的信念，我抓住每一次上台分享的机会，让自己的表达言之有物，交付价值，这是我的风格。分享这些经历我只想告诉你，一是要保持成长型思维，把每次上台当作锻炼自己的机会，没有谁出手就是人生巅峰，我们都是一步一步成长起来的，有机会站在台前，就抓住机会尽管上；另外不要被别人的观点所左右，他们自认为了

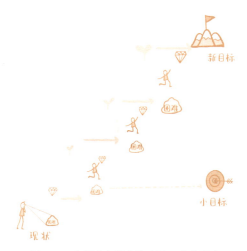

图 4-5　在行动中进化让自己一点点强大

解你，也仅仅限于那个当下的你，不要被当下的你定义未来的你。真正聪明的人，只思考如何改变现状。你的人生你自己没说不行，人生的游戏就没有结束。

坦诚脆弱的力量，真诚表达

每一次分享我都会真实表达，我会说自己的优点，也会说自己的脆弱和需要学习的地方。不要低估观众，也不要高估自己，在干货中分享自己的经历和真实感受就足够了，往往那些情感部分、相似的经历能引起共鸣，走进对方内心。很多人的需求不是学习高大上的系统干货或者金句，而是你的经历是否与他息息相关，是否能从你这里得到方法解决他的问题，以及通过什么方法获得转变，过去与现在的差异有哪些，你获得了什么感悟，总结了哪些经验，这才是最打动人的。不管我第一次学习做培训课程，还是学习写好一本书，我的导师们都会指向同一个道理，那就是：新手的心态总是想一出手就惊艳全场，拿出非常高深的道理、非常系统的内容给到学员，结果学员要么听不懂，要么消化不良，要么行动力不足；而高手的差异是他们懂得如何从自己所有系统的认知中拎出一个点讲透它，并教给你具体实施的方法，通俗易懂。高手的做法是每次只聚焦讲好一个点，讲透它，一边讲一边迭代自己的内容能力，让每一次输出汇聚，最后成为一个知识体系，对别人有价值有启发。所以对于零经验的你也是如此。首先勇敢上台；其次真诚表达，与大家链接共鸣；最后聚焦讲好一个点就够了。不要有完美表现和高深知识分享的期待，先把自我姿态放下来，真诚表达自己就可以了。

1. 勇敢上台
3. 讲好一个点
2. 真诚表达 链接共鸣

图 4-6 高手的做法

润米咨询创始人刘润老师曾写过一篇文章《能力要高到天上，姿态要低到地底》，我想送给想要向前一步，站在台前的女性朋友：不能让任何一个人觉得你很傲慢。傲慢从某种意义上来说也暗示了你内心的自卑，而真诚不会。不必维护自己所谓"高大上"的形象。刘润老师提到自己的日常出行，他平时以公交车和自行车为主，每次出差从机场回来都是坐地铁。你看他粉丝众多，才华横溢，收入巨丰，也只是过着普通人的日子，所以不要太在意他人的评价，行动起来就能减少心理负担。如果是表达方法不足或者内容缺乏，平时多增加学习的时间，好好积累知识提升自己的内在功力。"每一个火山的爆发，都是经年积累的能量在一个合适的时间自然而然喷发的结果。"所以真实，就是力量；积累，就是深度；行动，就是结果！

三、核心思维：

3 种自信思维，展现女性力量

　　能量需要经年积累，思维习惯需要刻意练习。"女性力量"在过去几年里时常出现，不管在哪个领域，都能看到女性独当一面，创造佳绩。2021 年，全球抗击疫情中出现女性逆行者医护团队；王亚平作为中国第一位踏上空间站的女性，也是第二次进入太空，成为中国首位女性太空行走者。2022 年，女足迎来了亚洲杯的冠军，在春节之际踢了个全彩开门红；更引起大家关注的是天才滑雪少女谷爱凌，大家对她在球场上的表现大加称赞，更同为谷妈教育方式引起广泛讨论。谷爱凌不仅实力超群，还对自己非常自信。在当今这个时代里，女性的力量不容忽视。她们可以是医生、护士、科学家、运动员，设计师，也可以是生活中的你我她。什么是女性力量？来听听我的好友们的个人见解。

　　生涯咨询导师涓妍说：女性力量是可柔可刚、温柔而坚定的力量。在事业上，坚韧不拔，坚定地向着目标前进；在家庭中，温柔如水，用爱支持每一个人。

　　CEO 教练与创业导师金丽华（Jennifer）说：在社会和一个组织中，男女力量不是对立而是共生，看到每个个体的不同。对我来说，女性力量是每个女性对自己由内而外散发出不同魅力的认知，而不是外部对女性的要求和对自己的渴求。

资深地产职业经理人李颜说：当今或者未来的女性力量是抱持力，"女性如水，母爱若泉"。抱持，是一种爱的品质，也是一种能力。持是不冒进、不退让。而女性能量有四面相——"天使""野性动物""母亲""女战士"。

企业流量增长顾问秋峰说：我觉得，不管男性还是女性，力量都来源于自身原始的力量。清楚自己想要什么，主张什么，并且不羞于去承认它。

李一诺曾在《人物》和每日人物"2018 年度面孔·女性力量盛典"做了《力量从哪里来？》的演讲。她用亲身经历将力量来源分为了 4 个阶段，分别是：从别人的认可带来的自信而来；源于"我想"带来的自觉；看到真实的世界，之后的选择和担当带来的力量；力量的终极来源，来自面对真实的生命。那么，你眼中的"女性力量"是什么呢？女性力量不是搞男女对立，而是女性如何宣扬自我，激发内在动力，展现我们独一无二的自己，真实地去打开自己。自信的思维习惯则是为了支持每一位女性展现自己的力量，活出原本应有的光芒，而这种光芒在每个人身上都已经具备。如果把光芒比作汽车的汽油，那自信思维则是汽车的发动机，起到发动汽车的引擎作用。这 3 种核心的自信思维是：勇气、行动和修炼。

・勇气　　　・行动　　　・修炼

图 4-7　3 种核心的自信思维

成就自信的首要习惯是"勇气"

　　成就自信的首要习惯是"勇气"。在大卫·霍金斯所作的《意念力》[1] 中，"意识示意图"[2] 有清晰的划分，勇气归为"正能量"和"负能量"的分界线之上。勇气是一个非常重要的过渡阶段，也是能量状态的关键点，属于正能量部分。如果身上能量不足、缺乏勇气，处于负能量状态，自我怀疑、恐惧、负面情绪会随之而来。如果提升能量，产生"勇气"，这股能量会帮助我们拓展自我，获得成就，拥有坚韧不拔和果断决策的推动力。具体表现在你变得有勇气选择自己真正想要的生活，有勇气敢于说不，有勇气打消自我怀疑，有勇气开始新的尝试和持续性的行动。

1　［美］大卫·霍金斯 . 意念力 . 李楠译 . 北京：中国城市出版社，2012.
2　意识示意图出自《意念力》第 25 页，该图为简化版本，意味能量状态越高，对数值越高。

表4-1　意识示意图（简化版）

能量状态	层级	对数值	能量状态	层级	对数值
正能量	开悟	700～1000	负能量	骄傲	175
	宁静	600		愤怒	150
	喜悦	540		欲望	125
	仁爱	500		恐惧	100
	理性	400		忧伤	75
	接纳	350		冷漠	50
	乐意	310		内疚	30
	中性	250		羞耻	20
	勇气	200			

在我的女性 CEO 人物访谈系列（公众号 ID：阅她女性）中，第 19 期嘉宾明瑜老师是一位非常有勇气和魄力的女性。她出生在偏远的土家族山村，大学毕业后只身到武汉发展，经历碰壁被骗，后来争取机会考入湖北省人民广播电台做节目主持人，又因一次偶然的节目求助热线把她推向了新的职业转变，成为培训讲师、创业者。这一系列的发生都离不开她的勇气。选择从 0 到 1 创业，她有勇气打消自我怀疑，想要的就去争取，从众多候选人当中脱颖而出成为广播主持人；她有勇气在疫情后带领团队成功转型线上持续发展。

她坦言道，45 岁的她不再把人生阶段当成一个个要完成的目标去征服，而是与自己和解，有效平衡工作与生活，自在欢喜。这些来自她有了选择生活的勇气，不再为了证明自己。勇气成就她的自信，体现在她年轻时有勇气改变、争取机会、勇敢 Say No 上，也体现在不同阶段选择自己想要的生活。如何习得勇气，最好的办法是敢于突破舒适区，更新自己，尝试从来没有做过的事。

"你好恐惧"创始人米歇尔·波尔曾为了克服自己的恐惧，变得有勇气，她给自己设置了 100 天挑战 100 个恐惧的计划"100 天无畏计划"，用来唤醒自己内心的力量。她创立的"你好恐惧"（Hello Fear）在全球影响了 7000 多万人，此计划吸引了无数人的眼光。米歇尔·波尔在 2022 TED 中分享了做 100 天害怕事情的体验，以此帮助我们获得无畏和勇敢，在不断尝试中获得经验，重复某个技能或心法，哪怕自己处于高压环境下，你都可以告诉自己"这个我练了很多遍了，怕什么"。一旦你变得有勇气，信心就出来了：霸气的姿态，勇敢的谈薪，从头再来，果断的决策都是勇气后自信的具体表现。

想要提升自信心，还要敢于冒风险

自信心可以通过后天培养，而培养的方式就是行动。有信心的人敢于行动，越行动就越有力量行动，从而形成良性循环，越不行动，就越难获得信心。

在我的女性 CEO 人物访谈系列中，第 5 期嘉宾任思远就是一位非常自信且有闯劲的女性。她留学英国，并在那里旅居十多年。这期间她都是独立生活，自己解决一切工作和生活上的难题。现在的她是两家企业的创始人、合伙人；在做品牌传播和策划同时，发展画画的天赋，她的创作于 2019 年被英国女王收藏。她不喜欢用标签来定义自己，她更愿意做自己，不同的场景拥有不同的角色，不会将自己定义为某一个标签和角色。在她的朋友圈里我经常会看到她的绘画创作，作品时常参加展览，画作中的牡丹花雍容大气，色彩美丽，堪称完美。她不仅有实力，且大方自信地推销自己，推广她的品牌，发展她的事业。她也经历过迷茫和职场歧视，但她却把发生在自己身上的每一件事当成宝贵的人生经历。在她身上体现了几个关键词：跟随内心、不自我设限、敢于冒险。持续的行动力和成就事件成就了她的自信。

如果你不那么自信，也是正常的，但可以试着改变，接着行动。你不妨试着自我激励，与自己内心对话，问一下自己究竟在担心什么？为什么会如此看重这个，这个对自己来说意味着什么？停止自我贬低，先问问自己有哪些方案可以帮助达成现在想出发的这件事。这里分享一个好办法，长期给自己植入正面的潜意识信念，多夸夸自己，看到自己身上的优点、优势和成就事件，你会更加自信。

自信来自长期修炼的底气，情绪稳定

除了阅历和外在条件，我们可以通过每天正念冥想、运动、早睡早起提升身体能量；通过与牛人和外界交流、阅读经典和史书帮助我们提升精神能量。两者任意长期保持其一，人的面貌就会发生很大的改变。冥想是我的日常习惯，到目前为止我至少拥有 10000

小时的冥想时数，它带给我的是更加清晰的头脑和向内观的清醒。每天 15~60 分钟的冥想轻轻松松就能完成，你可以选择 15 分钟、30 分钟、45 分钟或者 60 分钟为一次完整的冥想时间。其次是阅读经典和史书，如《素书》全鉴珍藏版、《资治通鉴》全鉴珍藏版、《道德经》全鉴珍藏版……书不在多，而在于精读和反复阅读，把里面的精华领悟透。这几本书都是古人留下来的智慧财富，经得起时间考验，比现在很多书要深刻得多。读书带来的价值是思想上的升华、行为上的改变。在读这些书之前推荐你先看看《曾国藩：人生修炼日课》[1]，里面的日课十二条帮助曾国藩的人生改头换面，每日修炼起到了脱胎换骨的作用，这些提升自己的方式简洁实用。市场上有很多女性的书也值得翻阅，《向前一步》《人生由我》《勇气》等都很不错，在我的女性成长社群里大家读书打卡，反响不错。运动，早睡早起，与牛人和外界交流，每个人条件和喜好不同，如果有这样的思维习惯或条件，当然最好；如果没有的话就先挑选其中轻松简单的项目做起来。千人千面，每位女性都能因长期保持一个习惯而散发不同魅力，如此日积月累，才能形成独特的个人魅力。我们不仅知道知识，还要去触发行动，才能达成知行合一的心流状态和认知上的实际改变。

1　郦波 . 曾国藩人生修炼日课 . 上海：学林出版社，2020.

四、提升自信：
释放女性潜能的 4 个日常行动

如果有一个升职加薪的机会摆在你面前，你会选择被动等待，还是向前一步主动争取这个机会？

图 4-8　升职加薪机会选择

用坐标轴来表示你对机会的意向度。你会更愿意选择左边守株待兔的态度，还是右边主动出击的态度？守株待兔的态度意味着你在职场中表现为努力工作，被动等待升职加薪，期望被老板看见成绩，并把这个机会给到你；主动出击的个人态度，表现为宣示自己的立场，主动表达个人观点和想法，将主动权抓在自己手上。你会如何选择并采取行动？我身边有一位老师每次在招募学员时必定会要求他的学员主动有行动力。行动力是事业发展之本，否则再好的老师也帮不了一个学员个人成长，企业也帮不了职员更好地在职场发展。如果你不想掉队，主动出击是我们取得成就的第一行动力。

行动 1：宣示自我，主动出击

2022 年 3 月 4 日，BOSS 直聘研究院发布了《2021 年中国职场性别薪酬差异报告》，报告指出，中国城镇女性劳动者的平均薪酬为 7017 元，为城镇男性劳动者薪酬的 77.1%。"职位"依旧是造成职场性别薪酬差异的主要特征因素，其影响权重占比为 62.4%，相较于 2020 年降低了 11%。各行各业存在着一定的性别薪酬差异，其主要原因之一是女性怯于"要价"，不敢主动出击，宣示自我。如果你想都没想过，或者说不敢，你会主动发生改变吗？问问自己，在职业生涯中你想要得到什么？是工作生活的平衡，是工作职位的晋升还是更多薪水福利？从初入职场到现在，你为自己争取过哪些应得的权利和利益？

分享一个小女孩的故事，第一次听到她的故事时，还是非常惊讶于一个小女孩小小年纪竟有如此性别平等、为自己争取权益的意识。这个女孩刚上初中一年级，美国人。新学期刚开始老师提议学生们帮助班级和学校做一些事情。女孩们在帮助老师这方面还是非常踊跃积极的，有些女孩报名搞卫生、擦黑板，在老师的眼皮底下好好表现，而这个小女孩报名要去学校门口迎接初中预备班的新生并引导新生去班级教室。不过校长走过来告诉她，迎接新生工作由男孩子来做会更加合适，于是她就回了教室。当天放学回家，她问妈妈："迎接新生为什么女孩子不能做？但是我想做。"妈妈告诉她："你想怎么做，妈妈都支持你。"第二天，这个小女孩用白纸写了一封倡议书，在倡议书的下方邀请了班级的女孩们签上名字，她把这封倡议书送到了校长办公室，告诉校长自己作为女生可以做迎接新生的工作，而非只有男生才可以。校长很吃惊，被她的勇敢打动，小小年纪竟有这番思路，同意她继续在校门口做迎接新生相关的工作。

这个故事告诉我们：为自己主动争取机会和权益，为自己负责，担负更大社会责任。从台后走向台前，女性只要想做，完全没问题。在中国，新冠疫情暴发时，女医护工作者成为逆行者，参与抗疫的女医护人员占到全体医护人员的 50% 以上。每一位主动出击、宣示自我、冲在前线的"她"都是英雄！

行动 2：在语言中表达力量

我们先通过身体语言表达力量，《神奇女侠》[1] 系列电影也体现

1　美国华纳兄弟影片公司出品，由派蒂·杰金斯执导，故事讲述了亚马逊公主戴安娜·普林斯取得奥林匹斯众神赐予的武器与装备，化身神奇女侠，与空军上尉史蒂夫·特雷弗来到人类世界，捍卫和平、拯救世界的故事。

了女性聪慧、美丽、率真、刚强、有魅力的一面，这不是刻意拔高女性阳刚的力量，而是展现我们每一个人身上具备的原始力量，是时候释放女性身上的潜能了。有一位关注自信与肢体语言关系的研究人员讲到过，一个人的力量姿势会让其变得强大起来。比如双手叉腰，像超级英雄一样站着，站上两分钟后，它会帮助你提升自信心，别人能从外部感受到你身上的自信，看起来不那么焦虑。你想想，如果自己都不相信自己，如何增加上司对你的信任和认可？如果你想与老板谈加薪，遇到工作上的挑战，上台演讲，或者要与孩子谈判，找个地方先双手叉腰站上几分钟，抬头挺胸，对自己的身体能量提升很有帮助。这个动作可以常常练习，不花钱、无毒也无副作用。

另一种是口头语言，不知道你有没有常常出现这些措辞：

"我有一个小小的建议……"

"我只是想跟你确认下……"

"很抱歉我想跟你问一下那个事……"

"我觉得在这件事上可能不太对……"

你听下来会是什么感觉？谦逊低调，还是听起来就没有底气？作为职场人，不分男女，只看能力。但部分女性就显得特别没有底气，怕得罪人，在语言上拥有过多的修饰，我们可以换成更加有力量的表达词，比如用"我希望""我知道""我感觉"或者是"我认为"，措辞绝对重要，是彰显你力量的重要部分，做起来也不难，只需要换一种表达方式常常练习即可。刚开始可能不习惯，后面说得多了就习惯了，所以要常常练习，这会让我们的表达越来越有力量，也会潜移默化影响你的自信。另外补充一点，如果你是女性领导者，在作业绩报告时，该说是"我"的功劳时，就用"我"而不是"我们"，不必去功劳共享，取悦他人。那什么情况下用"我"呢？在面试、介绍自己时，就多用"我"，"我是如何制定团队目标""我是如何组织整个团队""我是如何与团队一起研发某个产品""我是如何领导团队获得什么重大成就"。

行动 3：在工作中磨砺自己

我常常会向学员们提起我很欣赏的访谈嘉宾李燕飞，她目前是施璐德亚洲有限公司 CEO、千万美金重大项目发起人，业务发展网络涉及 60 个国家，职业足迹踏及 36 个国家。她的职业"罗马"不是一天建成的，也曾经历过初入职场、公司变换，以及深耕专业领域不断磨砺自己的过程。因为工作原因，她常常出差，在疫情前，航旅纵横曾统计过她的飞行记录超过了 98% 的人，是典型的"空中飞人"。在她身上令我感受最深刻的特质不仅是真诚、谦逊，还有 All-in 的工作状态，对工作能够极致投入，解决问题能力超群，用心做好本职工作，用心做好自己。她的职业生涯到现在为止经历了两家企业。她坦言道只有把当下的工作做到极致，机会才向她抛来橄榄枝，这是水到渠成的事情，她现在这份工作的由来正是如此。

她不好高骛远，在事上磨砺，把工作做出成绩，受到老板和同事们的一致推荐，被公司内部选为 CEO，去年底她继续连任 CEO。她全身心投入的工作状态和不断磨砺自己的态度值得所有职场女性学习。

有一次她出差巴拿马，由于行程紧急，她和同事们只有一天时间往返项目现场，于是选择了搭乘直升机。到达项目现场，正值当地下雨频繁的季节，她被淋了一身水。由于工程项目依托海上平台，开着小艇才能到达，并且需要在海浪托着小艇往上冲时，跳上爬梯爬上海上平台，如果海浪往下的时候跳，很可能会掉到水里。当时同事们和当地的客户劝她不要上去，因为她是一位女士，她当场就拒绝了。她认为这个项目就是她和公司的孩子——产品，无论如何也要上去。当她看到产品呈现出的状态和质量都很好，确实帮助当地客户真正解决了问题时，她认为一切努力都是那么值得。当然，这只是她身上一个小小的事例，她的背后肯定还有常人看不见的努力。不因自己是女性就要特殊优待，全力以赴努力工作，在工作中提升自己、磨砺自己，就能释放人生更多潜能和可能性。

行动 4：找到带领你的导师

很多女性认为在职场只需要埋头工作，全职在家只要做好家务带好娃行，实际上这远远不够。一是在自我的空间里长时间沉默容易造成思维狭隘；二是容易错失发展良机；三是我们很多认知是从外部信息整合而来，很多时候人脉关系网在我们需要的时候会起到关键性作用。不管是工作上的支持，还是情感上的支持。我们每个人至少需要这 4 种关系网：亲密关系网、职场关系网、导师和支持人、成长催化网。

不管你现在身在哪里，导师的作用不容忽视，甚至对我们成长至关重要。你的导师可以是你的老板、直属领导或者是外部的导师或教练，他们都能在不同阶段给到我们不同程度上的帮扶，甚至是我们事业成功的关键因素。有很多学员来参加我的课程，找我咨询和私教，比如工作和成长方向不明确，各种焦虑恐惧的情绪积压，时间精力不够喜欢拖延，执行力不足、目标列了一箩筐完成时却很艰难，不够专注、精力难以聚焦，容易受外界或他人情绪的影响，没有想清楚自己忙碌的意义和价值所在，缺乏自信、想得多做得少内心不够笃定……

这些是我接触到学员她们身上经常遇到的困惑，大多是由于内在底层没有打通，对自我认知不足造成的，有很多原生家庭和情感上的卡点存在。但她们一旦打通，情绪上没有积压，对自己的人生规划和目标清晰后，整个人会呈现喜悦绽放的人生状态，并最终取得非常好的成绩。痛苦驱动和轻松前行两者间自身的能量爆发是完全不同级别的，所以找到一位适合你的人生导师、职场导师、教练是释放自我潜能最重要的一环。我推荐《面对巨人》[1]这部电影，影片

1　美国影片，由埃里克斯·肯德里克执导，讲述的是一个人如何重拾信心与勇气，并战胜恐惧的故事。

中有一个经典情景是教练让他的球员做"死亡爬行"。那个球员不相信他可以爬到 50 码，却在蒙上眼睛后在教练的鼓励下爬完了整个球场，非常激励人心！有时候困住我们发挥潜能的往往不是现实，而是我们的认知和内心的限制。

自信从你的认知来，也从你的行动中来，不要停止探索自我发展的边界。

思考与练习：
自信心量表

《自信心量表》（Rosenberg Self-Esteem Scale）由美国心理学家罗森伯格（Rosenberg）制订，它是世界上最常用的测量个人自信心的量表。总共由 10 道测试题组成，测量个人对自我感觉的好坏程度。量表简单易懂，操作方便，可信度高，方便你在不同时段反复测量。

指导语：以下是一组有关自我感觉的句子，请按你的实际情况作答，请将答案写在每一题题号的后面，每题的答案有四个选项：

1= 很不同意　　2= 不同意　　3= 同意　　4= 很同意

评分方法：1、2、4、6、7 为正向计分题，3、5、8、9、10 为反向计分题，将所在分数相加得出总分。

自信心量表

测试项目	同意状态
1. 我认为自己是个有价值的人，至少基本上是与别人相等的。	
2. 我觉得我有很多优点。	
3. 总括来说，我觉得我是一个失败者。	
4. 我做事的能力与大部分人一样好。	
5. 我觉得自己没有什么值得骄傲的。	
6. 我对于自己是抱着肯定的态度。	

测试项目	同意状态
7. 总括而言，我对自己感到满意。	
8. 我希望我能够更多地尊重自己。	
9. 有时候我确实觉得自己很无用。	
10. 有时候我认为自己一无是处。	

自信心量表测试结果解释

10~15 分：自卑者

对自己缺乏信心，尤其在陌生人和上级面前，你总是感到自己事事不如别人，你时常感到自卑，你需要大大提高你的自信心。

16~25 分：自我感觉平常者

你对自己感觉既不是太好，也不是太不好。你在某些场合下对自我感到相当自信，但在其他场合却感到相当自卑，你需要稳定你的自信心。

26~35 分：自信者

你对自己感觉良好，在大多数场合下，你对自己充满了自信，你不会因为在陌生人或上级面前感到紧张，也不会因为没有经验就不敢尝试。你需要在不同场合下调试你的自信心。

36~40 分：超级自信者

你对自己感觉太好了，几乎所有场合下，你都对自己充满了自信，你甚至不知道什么叫自卑。你需要学会控制你的自信心，变得自谦一些。

第5堂

女性决策课

一、决策评估：
4个工具与2种形式，拥有明智决策能力

纵观2020年，关于女性话题的影视作品和综艺节目屡屡引发关注。《乘风破浪的姐姐》[1] 由30位30多岁的女艺人竞演组女团，开播后立成综艺黑马，引起社会对女性群体话题的关注；《三十而已》[2] 的主人公是3位30岁的女性，她们面对人生的迷茫和种种危机困惑时拥有不同的选择，但她们无畏前行、韧性成长，成为年度热剧。这几年国家经济的快速发展给女性带来诸多发展机会，高学历的女性越来越多，更多女性在实现经济独立的同时，开始追求自我价值的实现，内心的自由成为崛起的理由之一。当我们思想站得越高，就越靠近内心的自由，也意味着我们需要做更多重要的决策。

做好一个决策的好处无须多说。若是拥有高超的决策能力，女性在确定自身目标、制定行动方案，以及行动过程中会更加笃定，不需要顾虑别人的感受来反思自己所做的决策到底对不对、好不好，更不会对自己所做的决定变来变去。我发现很多女性在做决定时会考虑"人"的因素，会询问周围人的意见，会不相信自己的决定是

---

1 芒果TV推出的女团成长综艺节目，现已开展到了第三季。
2 柠萌影业出品的都市情感电视剧，2019年于东方卫视上映。

最好的决定，并且在决定后会比男性更加频繁地想要证明自己所做决定的正确性。这就需要借助工具、方法训练自己决策的能力，在任何时候都能独立，做出笃定且成熟的决定。

女性的直觉在做决策时并不可靠。部分女性会运用直觉或感觉行事，认为它是我们身上隐形的优势。我们的同理心和共情能力很强，更容易识别他人的感受，理解他人的情绪。我们在做决策时可以追随内心，而非依靠我们的直觉，需要审时度势，分清楚事情的轻重缓急，用事实说话并分析方案的可行性。《如何作出正确决策》《直觉定律》的作者加里·克莱因 [1]（Gary Klein）是最著名的直觉拥护者之一，他写了超过 6 本赞美直觉的书，说明如何运用直觉做出更好的决策。令人惊讶的是，尽管他是直觉拥护者，但是当商业刊物《麦肯锡季报》采访他时，他的回答是："你无论何时都不该相信自己的直觉，而是把直觉感受当作一个很重要的信息点，之后你必须有意识地、审慎地进行评估，看它在此情此境中是否合理。"所以，如果你产生了一种直觉，并以此开始你的决策过程，那么，你一定要再往前走一步，获取更多信息，从不同角度看待这个决定，做到深思熟虑地决策。通过大脑思考，而不是只听从内心的人想问题时更加深刻，所做的决定更具分析性，不是那么情绪化。所以既要在战术上勤奋，也要在战略上勤奋，它表达的意思是我们既要听

---

1 加里·克莱因是自然决策方法的发明者之一。30 年来，他一直致力于了解人们如何在困难的情况下应对挑战，快速作出正确决定。他是《如何作出正确决策》《洞察力和秘密》《直觉定律》作者。

从内心，也要理性思考实现路径。以下 4 个决策工具可以帮助我们在决策时更加理性且思考得更加深刻。

决策工具 1：黄金圈法则

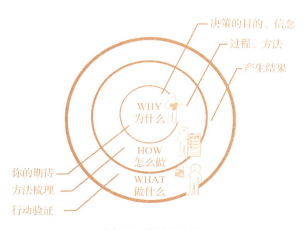

图 5-1　黄金圈法则

　　我们做决策时不要忘记做决定的初心，期望达成什么目的，这是我们做决定的纲领。假如你初入职场，想要获得更大的成长，那么我们在选择公司时要考虑公司带给我们的成长空间，让我们变得值钱是第一位的。而钱多、事少、离家近、成长空间小等因素你就需要掂量一番，它与你期望的初心不相符合，做决定时需要进行权重对比。如何权重对比，就是将你看重的维度列出来，给每一个维度设置一个满意分数，并给这家公司按各维度打分，找出与满意分数差距较大的项。特别是必选项，比如成长是第一位的，那么我们在选择公司时首先要符合"成长"这一项硬性指标。

决策工具 2：10-10-10 法则

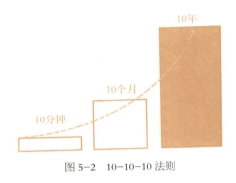

图 5-2　10-10-10 法则

10-10-10 法则是来自记者兼作家苏西·威尔许[1]（Suzy Welch）开创的法则。特别在做职业决策、重大项目投资时特别适用。做关键决策前先问自己三个问题：

（1）这个决定在 10 分钟后会有什么影响；

（2）这个决定在 10 个月后会有什么影响；

（3）这个决定在 10 年之后会有什么影响。

思考清楚这三个问题后做的决定更理性。当然这只是个方法，

1 ［美］苏西·威尔许，10-10-10：10 minutes, 10 months, 10 years–A Life–Transforming Idea. 姜雪影译 . 台湾：天下文化出版股份有限公司，2009.

应用的时候因人而异。我自己在思考时并不是三个都考虑，而是思考第 3 个问题长远来看对我有什么影响，还有第 1 个问题在我做了这个决定当下会如何，先代入情景中。不为要做一个决定而决定这个事情，而是考虑做了这个决定会给我带来什么改变，不管在当下还是未来都是相对正确的决定，那么就可以进行决策。当然，每个人条件背景不同，适合自己的便是好的决策。

决策工具 3：目标清单系统

巴菲特的双目标清单系统简单好用，分为三个步骤：

第一步：写下你工作中最重要的 25 个目标；

第二步：在这些目标中标识出你认为最重要的 5 个目标立即去行动；

第三步：学会克制，尽最大的努力不去触碰剩下的 20 个目标。

我会把自己想做或者需要做的事情写在备忘录或者记事本上，先进行灵感发散，再谨慎思考。我可能只有 10 个待办目标，最后我会圈出 3 个适合

图 5-3　目标清单

当下的作为年度总目标。在服务总目标的前提下，将所有的行动倒推拆分为小目标分布到月度或者每一天当中。我去年订的 3 个目标实现起来非常轻松，今年又订了 3 个目标。目标不在于多，而在于足够重要、适合你当前能力、容易出成果的目标。我在决策时基于两个基本原则：一是它足够重要，减到不能再减；二是目标与目标之间要有关联，在上一年的基础上有累积效应，与人生总目标始终保持一致性。

决策工具 4：SWOT 决策分析模型

图 5-4　SWOT 分析

SWOT 决策分析模型经典好用，在企业战略、商业趋势、职业选择、机会分析等决策场景同样适用，我在离开企业自主创业时也用了这个分析模型。我以学员阿部为例分享她对自我价值决策的分析：

S我的优势	W我的劣势
1. 交际才能、帮助他人、无条件地分享； 2. 领导才能、愿意第一个出场说出自己的想法； 3. 销售才能、把价值分享给他人、用结果说话； 4. 冒险、喜欢有挑战的每一天；	1. 追求完美、对自己要求太高； 2. 不会休息、总是在做事、很容易透支自己； 3. 在识人、用人需要下功夫、才找为人处世的智慧。
O外部机会	T外部威胁
1. 信息差异性不对称； 2. 圈层、文化、经济、资源的机会； 3. 中国与日本的外交机会；	1. 家庭事务繁忙、会花费过多时间； 2. 想尽力亲为养育孩子，陪伴孩子成长； 3. 经济收支不平衡； 4. 工作时间太少

图 5-5　阿部的 SWOT 分析

通过分析，阿部对自身的需求更加清晰，也坚定了她接下来想做企业家项目的决定。

我们在做决定的过程中不必过于担心会犯错而给自己过大的压力。我们可能会犯错，作出不完美的决定也是正常的，但我们可以熟能生巧。我总结的一个观点是，女性不要凭感觉决策，往往自己的感觉不一定靠谱。我们可以沿用"巨人和前辈"给我们留下的智慧和工具理性分析，深度思考，同时大胆的姐妹可以冒险一下，不需要 100% 准备好去做某事，也许 60% 的准备也能站上舞台，剩下的 40% 即兴发挥也许会收获一份潜在的惊喜！

我们做重要决策时，准备一个"备用方案"是有必要的。想象总是美好，现实可能一地鸡毛，有个"备用方案"以便随时应对。

打个比方，最近 A 公司想请我做一场女性节日的特别活动，想调动公司女同事们的能量，让大家打开自己的心扉积极分享。不过作为一家男性居多的技术型公司，大部分女性在工作时严谨认真，让她们积极站在大家面前分享，主动说出内心脆弱的部分会比较难。

那么培训师该如何做呢？如果能以活动引导大家打开自己的心扉自然是最好的，如果大家刚到这个场域还在适应过程中，那么作为培训师需要考虑各种情况，就不能用力过猛，需要准备一个相对保守缓慢，和她们节奏同步地引导大家的备用方案，这样就不会有赶鸭子上架的强推感受。究竟怎么做呢，这就需要看大家当天的感受和节奏，能量循环是否流动良好……如果大家打开了自己的心扉，就可以采取相对包容开放的方式引导大家多说话或者互动链接；如果参与的人做不到完全放开，就需要采用备用方案，让一部分人先打开自己再带动另一批人打开心扉。

团队决策的 2 种经典形式

如果不是单纯的个人决策，而是团队决策，那么我推荐使用"共创"和"共情"的形式。在斯坦福人生设计课当中有一个"共情"环节，用"共情"的方式来提问当事人，让他说出自己的需求，需求部分挖得越深越好，越多越好，最后将需求进行总结进行综合决策。"共创"和"共情"的形式具体如何应用在决策当中，我总结为如图 5-6、图 5-7 所示的几个步骤。

1. 确定围绕某一个主题；

2. 大家对这个主题发表自己的观点、意见或者想法，并进行碰撞；

3. 选择较好的想法继续发散延伸，把想法进一步完善为成熟的方案，并衡量它的价值是否满足需求，以及能产生的好处；

4. 再将这个方案形成可行性的行动步骤；

5. 共同决策是否采纳这个方案

图 5-6　"共创"形式

1. 确定关注某一个人；

2. 大家对这个人进行提问，了解她的需求、想法、期待，以及做这件事情的动机、内在驱动力等，进行发散式的提问，可以问她的过往、现在或未来、她的人生使命，甚至生命中的高光、低谷、价值观等，想到的都可以提问；

3. 再将她分享的所有内容和你给予的反馈信息总结在一张纸上；

4. 让共情的当事人选出她当下认为最有感觉或触动的话，说出原因；

5. 让"共情"的人深度思考，单独做决策

图 5-7　"共情"方式

你有发现这两种做决策方式的不同之处吗？除了形式不同，针对性人群也不同。"共创"形式是一帮人共同决策一件事；"共情"形式是一帮人共同帮一个人提炼需求，多维度"照见"自己，然后让当事人单独做决策。这两种决策方式经典实用，很适合团队开会时决策。

二、审时度势：

30~40 岁职场妈妈是职场发展，还是职业转型？

这是学员问过我最多的一个问题，可以这样理解：中年职场女性如何在职场蒸蒸日上，又能照顾到家庭？如果做着喜欢的事业，时间上还能自由就再好不过了。可是年龄越来越"大"，职场可供选择的机会越来越少，比我年轻有为的人大有人在，人才市场竞争这么激烈，我该如何提前事业布局？人到中年不想一直这么碌碌无为，为了生存在职场奔波，人生的意义在哪里，让很多人陷入了沉思和迷茫。

我总结了 2021 年向我学习和咨询的女性学员主要数据。

年龄状态：30~40 岁占 58.34%，20~30 岁占 33.33%，40~50 岁占 8.33%；

职业状态：在职女性占 72.73%，全职妈妈 9.09%，创业者 18.18%；

学历状态：本科学历 37.50%，硕士学历 33.33%，本科以下学历 25.00%，博士学历 4.17%；

核心需求（多选题）：清晰的职业方向、个人定位占 86.96%，清晰的职业规划 78.26%，工作与家庭平衡、职业转型与瓶颈突破、阶段性目标明确各占 26.09%。

从这组数据不难看出，在 30~40 岁年龄阶段的在职女性对清晰的职业方向、个人定位的需求是最大的，而这个年龄阶段的女性大部分已经成家生娃，开始追求精神上的人生意义和个人价值；在事业方向上考虑人生下半场何去何从，是做一份感兴趣的事业，还是做一份兼顾家庭相对自由的工作，还是实现自我进行创业或打造副业？这些掺杂的需求交织在一起令人混乱，心急如焚，不知如何选择。这里分享两个人物案例。

职场高管打造副业转型创业

Zoe 在跨国银行拥有 10 年的管理工作经验，年龄 35 岁，孩子 5 岁多。现在想把爱好发展成长远的事业，希望离开职场获得时间自由，如果能赚得比主业收入更多就再好不过了，她在朋友圈常常会分享孩子成长的照片。她很外向，拥有卓越的人生追求，希望能帮助更多人在饮食、睡眠、健身运动、学业规划上很好地管理精力。最开始只是为了帮助自己减肥，但之后她爱上了跑马拉松，渐渐对个人精力管理越来越感兴趣。通过学习，她形成了一整套科学的精力管理方法，现在是一名专业的个人精力管理教练。工作之余她一边打造副业带领学员，一边抽时间高质量陪伴孩子，这与她高效的精力规划分不开，这非常人所比。那么她是如何实现的呢？我在她身上看到了四个关键：

一是性格外向、行动力强，清楚知道自己想要什么，并能很好地执行；

二是将爱好变成专业，这是她的理想事业，也是人生价值最大化的实现；

三是将专业进行个人品牌打造和商业化变现；

四是懂得很好地分配时间和精力投放。

她在工作之余学习精力管理相关的课程，跟不同的老师学习并在自己身上践行出结果，获得与精力管理相关的资质证书，把自己打造成最好的精力管理成功案例。有了专业基础后她开始找个人品牌商业顾问帮助她树立领域内个人 IP 形象，打造高价值产品体系，将原来用在自己身上的方法去复制帮助有同样需求的人，将产品进行变现。现在她的产品已经打磨成熟，通过商业顾问的指导拥有充足的流量和固定跟随她的学员，每个月靠副业能有上万的收入。接下来她准备团队化运营，辞职创业。家庭方面她借力父母帮助，除了每天高质量陪伴孩子那一段时间外，更多时间她除了工作，就是在辅导学员和个人学习上。可以说"时间用在刀刃上"来形容她再合适不过了，不仅出结果而且高效完成，这是她能成功打造副业选择创业的因素。

那么这个路径适合什么样的人呢？适合爱冒险挑战，拥有专业能力，行动能力强，在主业保证生存安全感的情况下发展副业，自身学习能力强，愿意改变自己，吃苦耐劳自带驱动力的人。这种打造个人品牌轻创业的模式是当下适合职场人打造副业的模式，也是专业人士职业转型容易上手的发展模式。但创业并不是件任性的事情，我就遇到学员打造个人品牌后不久隐姓埋名去企业上班了，原因是职场稳定，有安全感，丢掉总监、VP 这样的职位有点可惜。从 0 到 1 轻创业在没有收入的情况下容易导致一个人急功近利，希望马上获得反馈，如果没有足够的时间提升自己的个人品牌搭建和商业认知，往往很难在短时间内实现财富自由目标。

如果你接下来打算轻创业，那么你需要准备一笔学费学习个人品牌打造，以及准备一笔能够支撑你一年不工作也能活下去的生活经费，你需要花至少一年时间沉下心来积累个人品牌资产。

如果你性格中爱冒险挑战，那么你可以选择这种过渡式的轻创业模式或者全职个人品牌创业；如果你已经在企业身居高位，非常注重生存安全感，现在有房贷或者有孩子要养育，需要稳定的收入来源，那么建议你继续留在职场，同时开启副业打造。早一点开始，多一些时间准备。

找到内心召唤转型创业

见智达·做到的联合创始人项兰雯老师是我公众号（ID：阅她女性）CEO 访谈的第 10 期女性嘉宾，年龄 40 岁出头，12 岁女孩的妈妈。她研究生毕业后就进入医药公司从事新药研发工作。因为意识到自己不喜欢做研发，更喜欢与人交往，毅然辞职，投身保险行业做销售并开始从事培训工作，后来，全身心踏入热爱的培训行业，在企业负责培训工作近 8 年后，最终职业转型，持续深耕教练培训事业。现在是一位非常资深的教练导师，与合伙人一起创业成立了"做到"教练平台。在她身上我看到了四个关键：

一是发现了人生热爱和天赋所在；

二是遇到了生命中志同道合的事业伙伴；

三是不断积累专业，聚焦深耕专业细分领域；

四是对自己有充分的认知，不断完善自己，活出自己的人生态度。

她是如何做的选择呢？在保险行业做销售过程中她找到了内心的召唤，花时间想清楚了人生使命，并在保险行业做培训，后面进入到专业的乙方公司做培训系列工作，再后来进入到企业中的企业大学做全方位的培训工作，直到 2014 年 3 月份她才彻底从企业中离开，转型深耕教练培训事业。培训事业最开始只是她的一个方向，在这个过程中她慢慢聚焦到教练品类。她分享了做职业转型需要考虑的三个要点：

一是转型时储备必要的物质基础；

二是先不断尝试，再慢慢聚焦于某一领域或者某一品类；

三是在聚焦的过程中再次确认你做这件事情是否有身心合一的状态，那种状态是否就是你非常喜欢的状态。

职业转型的 3 个走心建议

如果你选择职业转型或离职创业，项兰雯老师给到女性的三个转型建议。

第一个建议：持续探索自己。那些成功转型的职业女性都有一个共性，就是知道自己要什么，然后能够很坚定地去执行。所以转型之前最重要的工作就是探索你自己，发掘你的热爱和优势所在。

第二个建议：要有勇气。这个勇气是什么呢？是有勇气做自己，有勇气突破你的舒适圈，有勇气去遇见未知。有勇气做自己，就是那种干什么都不怕，把想干的事都干了，才不枉走过此生，那个时候勇气就出来了。人生就像一场游戏，你不知道会发生什么，但是带着这份好奇和勇气，你会发现原来人生还有这么多的可能性。勇气不是无所畏惧，而是明明害怕，依然能够优雅前行。

第三个建议：找到支持你的导师和教练。导师能够在你需要的知识领域给到你直接的辅导和支持。教练则能让你不断看见自己，看见初心，看见渴望，并总结这些年自己的人生轨迹到底是什么。当你很清醒地看到这些部分，发现自己、整合自己，去获得内心的力量和勇气，就能够越来越清晰地知道你到底想干什么，怎样能够更好地去转型。

不是每个人都想要当领导、需要职业转型或者离职创业。做好本职工作，在现有的工作上做到出类拔萃也是对工作的敬意和自我价值的实现。人生三万多天，按照自己的心意去过这一生。生命中有很多选择，我们需要分清楚哪些是人生使命，哪些是一时欲望，哪些是过去未被满足的创伤，一旦清晰了也就明白自己真正想要追求的是什么，很多选择的迷雾来自对自己需求的不清晰和对自我的不了解。

三、战略选择：

职业经理人／自由职业者／创业者，我适合哪一个？

上一节分享了 30~40 岁人生阶段的职场妈妈究竟该如何选择人生下半场的职业发展，是继续留在职场，还是离开职场？这一节将不设年龄阶段，是适合人人参考的个人职业的战略性选择。虽然不限年龄阶段，但女性每个年龄阶段的需求会随着组建家庭、生育孩子、重返职场、个人成长的成熟度、自我了解程度、心灵觉醒、年龄增长，以及个人喜好发生变化。在初入职场的前几年里有不少女性选择升职加薪，往领导层发展；一旦生了孩子要兼顾家庭时，希望能有一份相对自由的工作，职业冲劲暂时性放慢；等到孩子大一些上学了或者家里有老人帮助的时候，一部分女性继续转战职场实现自我，"重振江湖"，开始事业的第二曲线。

事业 4 个阶段：找路—赶路—带路—让路

在事业阶段中我们通常会经历"找路、赶路、带路和让路"这样一个过程：

找路：我们做学生时，选什么专业；刚工作时，选什么职业；创业时，选择什么事业，这都是我们在"找路"探索的过程，也就是要经历自我定位、找到职业发展方向或者发现人生使命是什么；

赶路：你有了明确的职业发展方向，在工作中升职加薪，毫无悬念地全力以赴，不断拼搏去达成你的职业目标，就是赶路的过程；

带路：当你的专业知识、人脉能力有了一定的积累，也具备了带人的功力和经验，这时你就从赶路中跨越到带路中，带领和培养团队、学员或者徒弟。给他们方向、方法、经验，或者激发他们的动力，获得成绩；

让路：承上启下的最后一步。你把徒弟带出来了，或者你到达了职业顶峰，年龄也到了，也该自发将高位让给年轻人，让比你更有能力、适合的人来接替你的位置，这是让路的过程。

"找路、赶路、带路和让路"也不是一成不变的流程，有些人会经历反复的选择，从找路到赶路，又回到找路，重新找方向；也有些人还没带路，就要让路。所以，我们不能将这个规律套在每个人身上，每个人都有自己的实现路径，我们支持你找到适合自己的发展方式。所以看这本书的你可以保持足够的开放程度，同时保持个人决策的颗粒度。决策需要满足至少且不限于这三个要素：自我需求了解、外界信息收集以及案例可行性参考。

了解自我的内在动机

我们或多或少会利用星座、性格色彩、DISC、MBTI、PDP 等市面上性格测评工具来帮助了解自我。比起性格测评，了解自我最快速直接的方式是识别一个人的动机。当我们了解自己的动机是什么，就有了大概方向，快速给自己定位角色。那么动机是什么，美国哈佛大学教授戴维·麦克利兰（David McClelland）在成就动机理论中将人分为成就动机驱动型、影响力动机驱动型和亲和动机驱动型。

成就动机驱动型：喜欢"把事做好"，以事情为导向，结果导向型，这种类型的人适合往开拓者、某个领域的专家上发展，自由职业者、个人品牌创业者均适合；

影响力动机驱动型：喜欢从"指挥别人、操纵别人、影响别人"中获得成就感，人际关系导向型，这种类型的人适合发展为最高领导者、创业者；

亲和动机驱动型：喜欢"追求和谐的人际关系、友谊、信任与合作"，是团队的黏合剂，这种类型的人适合发展为卓越的职业经理人。

不同职业类型之间的性格差异

除了个人动机外，我收集了身边专家朋友对职业经理人、自由职业者、创业者性格特征的总体描述并提炼如下，方便你在做方向性选择时参考。

职业经理人：更关心职业生涯发展，在组织内对外输出价值和影响；不喜欢太动荡和具有不确定性的环境；在相对稳定的环境中把工作做得尽善尽美；不喜欢冒险，追求能力稳步提升，个人收入持续性提高，不希望扛太大的压力，喜欢和团队在一起工作；做事缜密、细致、周全，性格有较强的弹性。

自由职业者：喜欢自由自在的环境，在某个领域有极强的技能；能够忍受孤独，对稳定性需求不那么强烈，能给自己制造安全感；有很强的自律能力，时间管理能力较高，离开稳定职场环境可以建立自己的社交网；关心自己的看法和自我价值实现，不太在乎外界的看法，可以承担一些风险。

创业者：具有冒险精神，关注个人价值的体现和企业的生存与发展，想要去创造从 0 到 1、从 1 到 N 的发展过程，从中获得成就感；内心富有激情，对高风险、高压力和不确定性有很强的承受力；愿意担当责任，有不屈不挠、坚持到底的决心和毅力，有强烈的操控欲望，对创造新事物能承担更大的风险。

这三种性格特征的划分并不是绝对的，并非说你是职业经理人就不能去创业，只是具备创业者性格特征的人去创业会更大地发挥性格优势，内心冲突性比较小，创业过程中比较享受这种自如的状态。同样，如果你是一个爱冒险，喜欢灵活变通的人，也可以在公司做职业经理人。如果不是当下某些原因所迫，她可能在企业工作的时间不会太长，会产生压抑情绪，大概率最后还是会有自己的选择。

表 5-1　职业经理人 / 自由职业者 / 创业者之间的性格差异

职业经理人	自由职业者	创业者
关注管理能力	关注专业能力	关注经营能力
副驾驶	自己管自己	驾驶员
先计划后行动	在计划中调整	即兴之作
按部就班	按部就班，随时应变	妥协灵活变通
稳重谨慎	冒险与谨慎兼具	冒险精神
朝九晚五、偶尔加班	工作与生活的融合	365 天 ×24 小时工作
知识能力——岗位匹配型	知识能力——专家型	知识能力——全能型
有后路	可进可退	无后路
风险系数小	有一定风险	风险系数大

这三种可以分阶段进行。有些人选择了创业，发现创业要冒险，高风险的事业并不适合自己，最后选择回归职场发展。也有人因为生了孩子，孩子还小，所以采取比较稳妥的方式在职场工作，等到孩子大了，做好了经济、家庭和心理上的三重准备后，在个人阅历和经验相对成熟的情况下开始创业。这三种职业角色最大的好处是能与自己做深度匹配，指引我们选择更合适的职业方向，活出我们最大的天赋所在。世界上没有一条路不受外界指引，不被环境所限，但仍然可以在科学的规律下活出自己内心独一无二不被定义的职业旅程。

四、价值优选：
先提升能力还是明确野心，如何有效精进自己？

一次我在线下与某位嘉宾见面时，我问她："是什么原因让你今天成为 CEO 的角色？"她告诉我，这是她的职业追求之一。"那根据你的观察，是什么原因阻碍了女性通往 CEO 之路？"她没有正面回复，而是这样说："我认为，愿意且有野心成为 CEO 的女性很少，敢于承认自己有野心的女性更少，而有能力实现自己野心的女性更是少之又少。很多女性并不是没有能力。现在高学历的女性越来越多，爱学习的女性也不在少数，她们可以在职场、家庭甚至人生中脱颖而出，变得更有影响力，不是她们没有能力，而是没有野心和自信！"她的这番话让我印象深刻。原来"野心"并不是负面的词，反而代表着积极向上的内在力量。

我继续追问她，"那你觉得这三步中：愿意成为有野心的女性、敢于承认自己是有野心的女性，以及有能力实现自己的野心，哪一步最难呢？"她想了想回答："最难的是敢于承认自己是有野心的女性！因为在世俗观念里，女性代表阴性能量，不应该有过强的阳性部分，认为女性应该有女性的样子。有野心那是阳性的表现，属于男人的事。事实上一个健康的女性应该阴阳相融，能量外放，该是什么样就是什么样。很多女性在潜意识当中，依然固守着历史给女性的看法，环境依旧无声地制约着女性的行为方式，周围亲戚朋友也给女性老套的反馈等，女性的能量是压抑着的。所以能够承认自己是有野心的女性并不简单。"我在思索中点了点头。

野心是将军，能力是士兵

你有野心吗？此刻你的想法会是什么？在我看来，"野心"是对美好生活的向往，对想要人生的追求。野心可以是地位、成就、高度，也可以是适合自己的长期目标和人生愿景。我们最终要实现的并不在于野心本身，而是让野心引导我们实现自身的价值，匹配相应的能力。如果你想要崛起，在人群中实现自身的影响力，创造社会价值，实现闪闪发光的人生，野心对我们来说是人生中一份美妙的彩礼，它代表着我们想要到达的彼岸。

不管有没有能力，野心对我们人生甚至能力的提升都有促进作用，所以在提升能力前先明确自己的野心，而不是去否认它或者把它踢走。如果你想成为企业家，就需要培养自己的创业能力，增强风险认知和抗压能力；如果你想成为自由职业者，就需要培养专业能力，提升自己工作与生活融合的能力；如果你想成为卓越的职业经理人，就需要培养领导才能，增强团队作战的能力。

在我看来，野心是将军，能力是士兵，在明确恰当的野心下尽自己最大的努力去提高自己的能力并不是不可实现。所以姐妹们，有梦就去追，有想法就去实现，有爱就去表达，我们对于野心还要形成 Yes…and…的模式，既承认我有野心，还可以马上去做，策略性地实现。

野心不是单纯的赚多少钱，拥有几套房，买几个名牌包包，在职场或人生中，我们可以把野心设置为不同的追求层次。它可以是通过努力把每个阶段的目标完成，把自己的工作经验提炼总结传授他人，也可以是实现事业的同时拥有与家庭成员亲密的关系，还可以是每天见证自己的成长，敢于做自己，成为更好的自己。不管是哪一种，我们的人生主线可以是事业成就、影响他人、爱和亲密关系，也可以是自我成长。它需要满足至少四个步骤：

- ❤ 选择，你的野心，想要到达的理想画面；
- ❤ 规划，你的主线，制定一个个小的行动目标；
- ❤ 能力，需要提升的能力和软技能；
- ❤ 行动，坚持且专注地达成目标。

职业经理人 / 自由职业者 / 创业者需要匹配的能力

女性需要理性的大脑和深度思考，为自己谋略是一门学问，最重要的还是持续提升自己能力，精进自己是人生稳赚不赔的习惯。那如何有效精进自己呢？

如果你是职业经理人，我们需要提升规划能力、应对市场变化的能力以及强化自我相信的能力。记得三年前我参加哈佛大学上海教学中心线上活动"幸福怎么买？"，有一位嘉宾提到将"自己"作为人生最重要的一款"产品"来打造。作为产品负责人，我们需要先了解产品的发展目标是什么、有什么样的特性、给自己的定位是什么、又该如何经营好自己，如此就知道了接下来的人生定位、职业路径、目标规划和想要成为什么样的人，去倾向性地发展。最好每年年初就规划好当年的职业发展目标，把整年要做的大事定下来，定事也是定心。

我去年和今年都只给自己定了三件大事，在为其他的事情花时间时我会特别注意，非必要不做，或者有意识地收回注意力。我是从职业经理人、自由职业者到创业者这三个角色一步一步走过来的，非常清楚聚焦目标和注意力投放的重要性。作为职场人，在心态上还要记得把职业心态拔高。做员工的时候要用经理人的心态、做经理时用总监和副总的心态、做总监时用总裁的心态去工作。时间一长，你的能力也会随之匹配。

其次是适应变化、主动寻求变化，我们并不知道明天的太阳是否能照常升起，也有可能下雨或是阴天，总之，保持心态开放就是了。最后是"自我相信的能力"。强化我们内在的信念，相信"相信的力量"。通过实际中一次又一次的练习和取得的成果来反馈给自己。软技能也很重要，具体要看自己做的是什么工作，再去提升与你工作相匹配的能力。

如果你是自由职业者或者职场专业人士，人际沟通和情商修炼是很多专业人士的发展障碍，需要有意识地突破自己。自由职业者通常会有一项或多项突出的本领，和职场专业人士雷同的地方都在于"专业"突出，那怎么将"专业"进行传播和变现呢？实际上这就需要与人打交道，与人沟通、情商修炼都是在帮助专业人士除了提供专业价值外，还提升了给予他人情绪价值的能力。比如你是公司里的技术部工程师，如果你的沟通能力强，情商高，你会比其他工程师更受大家欢迎，更具跨部门沟通的能力。如果要挑选部门经理，你被选中的概率会更大，这就是你提升自己的好处。如果你是自由职业者，你的沟通能力强，你跟客户的黏性也就更高，你也就拥有更多帮助客户的机会，信任感更强，付费成交是自然的事。倒不是以成交为导向，而是你有能力提供情绪价值，对方也愿意靠近你，你有了帮助他解决困惑的机会，这难道不是彼此成就吗？

再补充一点，不管是职场专业人士还是自由职业者，我都建议你从 0 到 1 打造个人品牌。打造个人品牌有一套系统的方法，可以帮助你在个人专业领域获得更多行业资源或者更好的工作机会，离开职场后可以成为你创业的起点，甚至能给你现在带来直接的变现。

如果你成为创业者，需要提升三个能力：商业认知能力、个人品牌打造能力和人生修行。创业是一场认知的体现。商业认知在提供市场价值获取回报时最重要的是形成商业闭环。创业的能力说得再多，不如自己做一遍。特别是女性创业者兼顾到家庭时会有挑战，我的前老板创业时，她们家的分工是反过来的，她负责赚钱养家，她先生在家带娃，打破了传统的分工角色。她每天晚上会与孩子睡前对话，她先生每年会有一段时间去旅行。她会注意与家人在关键节点上增进交流和相互陪伴。女性创业者兼顾家庭需要家人支持和自己调整，能够把两者做好无疑是强大的，男性都难以兼顾做到，又何必强求女性呢。创业修行是人生修行的一部分，修炼的是平心静气的能力，心静下来脑子才不会乱。

前几天 CEO 个人品牌商业导师王一九老师分享一个主题，关于"如何将事业做到不断地上升"，他给我们举了两类创业者的例子。一类人创业很有激情，会赚到三五百万到七八百万的水平，第二、第三年可能继续保持，也可能会回落，每年能赚个三五百万，感觉良好，然后想买包就买包，想换车就去换车，去全世界各地转转。还有另一类人把公司做到几百万，再是几千万、过亿，成为知名品牌。他们除了稳定精进提升个人品牌和商业认知外，还都特别的谦虚谨慎，让人舒服。这类人非常爱读书，尤其是《道德经》《曾国藩》《论语》这些经典书，想要持续地提升事业的成就需要在技能、商业认知、个人修养上下功夫。只要提升商业认知、个人修养，创业的水平和能力就会不断向上攀升。

自我能力评估

为了更好地进行自我能力评估，接下来请认真填写下面的内容。

我目前承担的职位 / 工作是什么：_____

我的工作主要职责有哪些：_____

我有哪些能力（参考下表能力清单）：_____

_____

我期待的职业角色是什么：_____

我需要提升的能力（参考下表能力清单）：_____

表 5-2　个人能力清单

（共计 172 项）

战略	竞争	适应	排难
学习	沟通	体谅	自信
前瞻	行动	专注	实现
分析	统率	公平	演说
思维	追求	纪律	指导
搜集	和谐	统筹	觉察
复盘	包容	责任	执行
管理	阅读	领导力	控制
表达	提问	解决	创新
倾听	关系	说服	谈判
洞察	激励	服务	协作
社交	获取	维护	归纳
辅导	逻辑	分析	整理
决策	记忆	联想	组织
想象	引领	号召	适应
启发	写作	整合	直觉
授课	设计	权衡	归类
编辑	监督	排除	收集
共情	助人	教导	推理
供应	运营	推荐	假设
摄影	翻译	复原	照料

续表

绘画	检查	研究	创始
计划	获取	同情	诊断
发掘	计算	评估	咨询
企划	分享	意识	冒险
给予	获得	分配	规划
发展	思考	履行	整合
归纳	视觉	展现	研究
创意	销售	数字	感知
统计	推理	远见	图表
认知	培训	控制	应变
授权	拓展	模仿	探索
财务	完善	反馈	亲和
吸收	理解	进取	评估
谈判	财务	革新	概括
忍耐	情商	抗压	自主
开拓	感恩	时间管理	交际
总结	重构	靠谱	格局
整合	传达	自控	目标
识人	授权	生存	自愈
审美	秩序	独立	平衡
多样化	布局	挑战	合作
影响力	奉献	变通	辩论

明确自己的野心，提升相应的能力，保持精进的习惯，对我们每个人都适用。我自己经常看书，会特别明白作者提炼给我们的是他经验的总结和智慧的提炼，对我们或多或少肯定会有帮助，是我们获取知识成本最低的一种方式，买一本书也就几十块钱，每天读一点就能读完。那些成长快的人还会选择跟有结果的老师近距离学

习，成为他们的学员，他们不仅仅会得到知识，还能收获一种思维方式，或者得到有针对性的个人提升方案和问题解决方法。

　　什么时候成长最快？当然是我们遇到问题然后突破过去的时候最快，你的成长不再是知识积累，而是把所学真正运用到工作和生活场景中，你的印象才深刻。我的学员能拿到结果，也是源于有针对性的认知提升和根本问题突破，一个人花几年时间才明白的道理和一个人瞬间被点破的觉悟其成长价值是不一样的，里面有时间的维度，也意味着你的成长速度。这个世界不缺有知识的人，但缺将知识变成综合解决方案解决实际问题的人。

　　我们女性更完美地成长，不仅仅是在事业上发挥价值，找到自己在世界中的位置，无疑也给丈夫带来了一位好妻子，给孩子带来了一位好母亲，给父母带来了一位更棒的女儿。当然更重要的是你在为自己而活，当你成为闪闪发光、能量爆棚的自己，他人眼中的你只是你的外在显现，而非刻意追求，事业只是来帮助你成为自己，成长自己，活出自己的。

思考与练习：
个人决策风格辨识表

个人决策风格辨识表系根据 MBTI 性格测评工具提炼而成。请在属性栏内找出最符合你个人特征的解读，在后面一列空格内打√。

个人决策风格辨识表			
维度一： 获取信息还是独自思考	喜欢与外界互动，通过观察外界获取更多信息作出决策；不能确定自己对事物的感觉，除非获得外界反馈或认可	喜欢独自一人，反思，反省和思考。在表达或决策之前会花很多时间考虑清楚、周全再说话或下定决心做某事	
维度二： 注重细节还是倾向可能性	专注于当下，关注于细节；通过五感关注事情或人的实相和细节；按看得见的实物做决策，喜好即时效应和实物反馈，一旦决定会马上采取行动，细节上有完美倾向	倾向于未来可能性，富有想象力、创新、创意；靠直觉来预测未来发展可能性，一旦想法被激活，就会立即行动，决策倾向于感觉、想法和可能性	

续表

个人决策风格辨识表			
维度三： 专注于事情 还是关注于人	偏思考，事情结果导向；更多从"真—假""对—错"等事情真相角度评估和判断；大脑指挥行动，注重事情背后的本质和原因；重视逻辑，综合客观决策	偏情感，人际关系导向；更多以"接受—拒绝""喜欢—反感"重视关系情感而非事件逻辑来评估判断；用"心"指挥行动，以归属感和与人链接表达情感，主观决策	
维度四： 按时间表做 事还是一贯灵 活开放	条理型，有明确的规划和时间表；按自己的意愿和节奏感选择和改变生活，做事井井有条按时完成，对事情和组织秩序条理有强烈控制欲；喜好在自己信息和控制范围内做决策	灵活型，开放随意；体验生活为主，较少提前计划，容易改变；对事物保持开放态度，喜欢项目中存在多样化内容，通过探索打破单调，完善和丰富更多内容；喜好按灵感和当下感觉做决策	

第6堂
女性领导力课

一、明确风格：
成为你想成为的领导者

女性个人领导力

为什么要发展女性个人领导力？

据 DDI 智睿咨询《2021 全球领导力展望 | 中国》[1] 报告显示，财务表现低于平均水平的企业，其女性领导者占总人数的 27%；财务表现位列前 10% 的企业，其女性领导者占总人数的 30%，两者之间相差了 3%。与此同时，财务表现低于平均水平的企业拥有其少数民族 / 种族背景的领导者占比 14%；财务表现位列前 10% 的企业拥有其少数民族 / 种族背景的领导者占总人数的 21%，相差 7%。正因为财务表现位列前 10% 的企业的女性领导者占比高于平均水平，也就是大于或等于 30% 的数据，以及拥有其少数民族 / 种族背景的领导者占比高于平均水平 20% 的组织，其获得经济上的红利的可能性是财务表现低于平均水平的企业的 8 倍。在全球，包括中国企业，女性领导者占比依旧不足三分之一，越往高层，女性领导者越少。这

1　DDI 是一家国际性的领导力咨询公司，自 1970 年以来致力于为全球知名企业提供领导力咨询管理服务。《2021 全球领导力展望 | 中国》报告通过对 2814 位中国领导者和 424 位 HR 专业人士深度挖掘分析得出。

也导致很多职场女性希望通过跳槽来获得晋升，全球范围内占比45%，而这一现象在男性高管中仅为 32%。

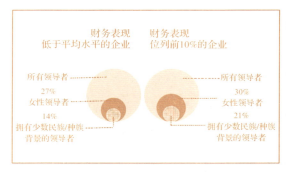

图 6-1　财务表现与女性领导者占比

女性担任领导角色会遇到各种难题，一是高层领导者是否能对女性能力给予认可，并提供机会，性别偏见是原因之一；二是来自女性自身的限制，比如要在职场中保持"得体"，欠缺自信、职业规划不明确、不善于竞争、决策时表现得更加感性等，这些特质是阻碍女性走向领导者岗位的原因。事实上，女性与男性在关键的领导力方面各有优势，女性并不亚于男性，但在企业董事会或最高管理层中，女性占比仍然很少。

从 2019 年美国 DDI 智睿咨询数据来看，财富 500 强企业的女性领导者，特别是 CEO 女性比例，只占全球 500 强企业的 CEO 人数的 6.6%。其他级别占比分别为：员工 53%、经理 38%、总监 34%、副总裁 29%、其他 C 层级（COO、CFO 等）高管 22%，DDI 智睿咨询针对中国企业调研的数据与此相近。2019 年中国瑞信研究院发布的《CS Gender 3000》[1] 报告数据显示，中国企业女性核心管理层占比为 15%，女性董事会成员占比为 11%，女性 CEO 占比仅为 6%。所以，提升女性领导力，突破晋升天花板既是时代所趋，也是企业所需，对我们来说也是升职加薪，让更多女性脱颖而出发挥影响力的机会。

图 6-2　全球与中国企业核心管理层女性占比

可能很多人会疑问，女性领导力和男性领导力有什么差异，同样都是领导力，为什么要进行区分？可以从这个提问中细细品味一下，"我们同样都是人，为什么要区分为男性和女性？"其实都是身而为人，但男性和女性的性别优势是不同的，对于领导力也同样如此，再者性别有差异二者依然可以融合在一起，在团队中各自发挥性别优势起到互补作用。用大白话来讲，女性领导力就是发挥女性性别优势，将优势发挥到最长处。那差异是什么呢？

1　瑞信研究院（Credit Suisse Research Institute，CSRI）发布的第三份《CS Gender3000》报告。报告调研 3000 余家企业，来自 56 个国家，涉及管理职位 3 万个；亚太区（含日本）数据来自 14 个国家和地区的 1280 家企业。

从管理层面上来说，男性更加凸显自己的刚强、果断、决断力、创新力和理性思维，更看重事情本身，寻找解决办法，我们在与男性交流时也会因为他们的"直接沟通"给他们贴一个"直男"的标签。而女性更注重人际关系和团队人员的感受，管理时以人为本，亲和力和团队黏性更高，所以，两性的协作不仅适用在家里，同样适用在职场。

2021 年我在领英平台发布了一系列关于女性成长话题的投票调研，这几个话题内容受大家热切关注。

话题一：成功的妈妈 vs 成功的职业女性

在你目前的人生阶段或生命排序中，你会更愿意别人称你为"成功的妈妈"，还是"成功的职业女性"？

"成功的妈妈"：追求爱与归属，希望家庭幸福；

"成功的职业女性"：追求自我实现，希望名利双收；

两者选择不同，生命呈现的形式不同，没有优劣之分，这是两种不同的个人价值观导向。最后的投票结果为：成功的妈妈 37%< 成功的职业女性 63%。

话题二：领导他很厉害 vs 领导把你带得很厉害

什么样的领导者受大家欢迎？把领导风格分为两种不同的类型：

"他厉害"：很厉害的领导，他身上有你钦佩的地方，你想近距离向他学习，成为他那样的人，他更多的是处于影响层面；

"你厉害"：领导能把你培养成厉害的人。领导是不是厉害，这不是绝对的，但是他愿意来教授你，用教练那种锻炼人的方式能让你变得很厉害，更多的是他在培养你，处于行动层面。最后的结果为：领导他很厉害 59%> 领导把你带得很厉害 41%。

话题三：温柔智慧教练型 vs 目标导向攻垒型

如果你的上司是一位女性，或者你自己将成为一位领导者，你会希望这位领导者是哪一种类型？

"温柔智慧教练型"：愿意带你，发挥你的潜能，情绪稳定，会注意你们内在感受的领导者；

"目标导向攻垒型"：强目标强行动力，能带你打胜仗出业绩，擅长团队作战的领导者。大家最后选择的结果为：温柔智慧教练型 58%> 目标导向攻垒型 42%。

从上面一系列数据不难发现，从女性自身的需求来看，想要崛起的女性领导者越来越多；大家倾向的领导者是有一定能力，需要具备说服力，很厉害的角色；大家相对倾向"以人为本"这种类型的领导者，情绪上稳定，能够帮助下属发挥潜能，注重员工感受，而这一特质在女性身上是优势之一。话说回来，这只是大家对于领导者的期待画像，只能作为部分参考，领导者除了起到引领作用，还要有服务团队，服务下属的责任心。如果没有为企业创造业绩，没有让下属发生改变，就不能达到我们最终成为领导者的服务目的。除此之外，我们的内在需求需要关切，如果没有动力，内心就不会有力量，没有力量就不能很好地去支持到团队。回归本心，你想成为怎样的领导者？参照组织和专业卓越中心的资料，我们先来看看领导者与管理者之间的差异性：

表 6-1　管理者与领导者的区别

管理（Management）	领导力（Leadership）
To produce order 带来秩序	To produce change 带来改变
To achieve consistency 实现一致性	To achieve a vision 实现愿景
Planning 制定规划	Setting the direction 确定方向
Coping with complexity 应对复杂性	Coping with change 应对变化
Organizing and staffing 组织和管理员工	Aligning people 团结人
Dependent functions 独立运作	Interdependent 互相依赖、互助
Controlling 管控	Motivating 激励
Other directed 他人驱动的	Self directed 自我驱动的
Reactive 去应对	Proactive 引领／主导

领导者风格

领导者风格分很多种，你可能是导师、先锋或者母亲这样的角色，有个参照类型理解起来就容易区分。比如我是导师，我在与学员对话过程中很自然进入到教练或咨询的情景中，洞察对方的卡点，照见对方的优势，给到解决方法等。方便你理解，下面是一些女性领导者常见的原型，选自 *Wander Woman：How High-Achieving*[1] 一书。依照下表我过去选择承担的角色有：先锋、导师、母亲、理想主义

1　Reynolds，Marcia. *Wander Woman：How High-Achieving Women Find Contentment and Direction*. Berrett - Koehler Publishers，2010.

者、女英雄；接下来 1~3 年想要深化发展的角色有：导师、驱动者、激励者、联结者、愿景家。每个阶段追求的领导力角色不一样，你只需要选择接下来你想要发展的领导力角色即可，跟随下方表格选择你在工作中最常表现的 3~5 种原型将它们圈出来，你就能获得你想要发展的领导者角色。原型表格下方附有各种原型的详细注解，记得先去看注解，再返回下表来圈出你想成为或发展的原型，你会对自己想要成为的角色更加明确。

表6-2　女性领导者风格原型

Wanderer　漫游者	Pioneer　先锋者	Warrior　战士
Revolutionary　革命者	Rebel　叛逆者	Thinker　思想家
Adventurer　冒险家	Storyteller　故事家	Driver　驱动者
Steward　管家	Visionary　愿景家	Inspirer 激励者
Heroine　女英雄	Collaborator　协作者	Martyr　殉道者
Advocate　拥护者	Superstar 超级明星	Coach　教练
Healer　疗愈者	Entertainer　娱乐家	Mentor　导师
Mother　母亲	Magician　魔术师	Teacher　老师
Detective　侦探	Connector　联结者	Repairer　修复者
Companion　伴侣	Artist 艺术家	Idealist　理想主义者
Gambler　赌徒	Queen　女王	Taskmaster　指挥官

* 下为每种原型注解参考，来自 *Wander Woman：How High-Achieving* 一书。

漫游者：追寻新的机会和自由。你很容易感到厌倦，导致你不断探寻"接下来是什么？"然而，在不断前进的过程中，你也会失去自我意识。

先锋者：也在前进，但通常由一个特定任务驱动。当找到允许你执行计划的公司或社区时，你可能会安定下来。

战士：你利用自己的力量和智慧争取把事情做得更好。您随时准备捍卫自己的想法和愿景。当你的激情变成愤怒时，你可能会过度使用你的战士力量并成为一个破坏关系的恶霸。当你感到压力并且人们质疑你的动机时，你可能会口头上用粗鲁的回应打断他们。

革命者：反叛者打破旧结构，革命者建立新的结构，基于你想要带来巨大变化的一个清晰的愿景。您愿意挑战现状，使您的愿景成为现实。但是，如果你没有赢得同事的尊重，你将被视为反叛者。

叛逆者：如果你拒绝顺从权威，你就会带来反叛的能量。当传统系统固化，在转型期时，需要叛逆能量。你可能会失去视角甚至拒绝合法的权威和传统。

思想家：在你开口前，你已经用敏锐的眼光观察。您需要仔细准备演示文稿，您知道自己的结论是正确的。有时候你会用精心研究的想法来撼动世界。你对细节的关注太有限了。你对批评是敏感的，因为你如此努力地证明自己是正确的，你觉得你是房间里最有能力的人。如果你有很强的学术背景，那么在提出理论论证时，你可能正在吸取精通学者的原型。学者总是有资源去支持他的判断和观点。

冒险家：你是一个有创意的人。你喜欢给问题一个创造性的答案。只需要几句话，就能描述一个情况，你迫不及待想要分享你发现的完美解决方案。但是一旦你找到答案，你就会迅速将注意力转移到下一个要解决的困境。如果和你合作，这会令人沮丧。

故事家：讲故事的人喜欢成为关注的焦点。你可以通过能帮助观众学习的故事来吸引他们。有时候你的故事不合适，你无法触动他人，让你显得不明智。

驱动者：以驱动来获得成就。如果你将规则和目标优先于人们的需求，那么你可以完成很多任务，但是你可以作为任务大师出现。作为一个高成就者，你可以让别人达到你自己的高标准；当他们没有达到你的期望时，你的挫败感使你无法认识到自己的优势和成长之路。作为领导者，驱动能源的使用量有限。

管家：当你帮助他人了解他们的才能、优势和梦想，然后支持他们在工作中使用他们的天赋时，你就是管家型领导者。你专注于他人的需求，服务是你的使命。 你最大的成就是在别人的成功中找到的。而且你允许人们从他们的错误中吸取教训。

愿景家：你可以使用故事和图片来帮助其他人看到超越当前的可能性。 如果你还携带冒险家的能量，你将很容易对后续和日常任务感到无聊，你可能会忘记你承诺的细节。

激励者：通过帮助他人感觉自己有能力取得显著成果，以此来促使人们采取行动。除了深刻的和鼓励性的语言之外，您还可以使用积极聆听来激励人们采取专门的行动。

女英雄：喜欢制定计划，然后勇敢地战斗，让改变之路畅通无阻。有时候你会过度使用女英雄角色，为了强化你的英雄形象而不是来解决问题。此外，如果你想在你的团队中培养其他人，成为他人的英雄并为他们解决问题，这可能会阻碍他们的成长。

协作者：在确保所有相关方充分参与这一点上，协作者发挥积极作用。你建立社区，花时间倾听并理解所有观点，这样你就可以看到全局和团队解决方案。有些人会惊叹于你的耐心，其他人会认为你的行为浪费时间，希望你更具决策性。

殉道者：不知疲倦地进行改变，并且很可能是服务他人。然后，你希望因你的绝对奉献和个人牺牲而得到认可。你的贡献很重要，你希望为你所做的重要工作赢得钦佩。

拥护者：服务于可能无法实现的事业。你知道你对结果没有完全的控制权，而且在你任职期间可能无法实现改变，但是无论如何，你都要努力甚至为这个事业而战。

超级明星：喜欢成为最重要的人物，彰显他的工作超越了每个人。你以出色的工作质量而闻名，这使得你有与盟友一样多的敌人。你很难抛弃这个模式进入领导者角色。

教练：信任人们即使在他们自己不太确定的情况下也能找到自己的方式。你将成为"思维伙伴"，而不是提供解决方案的老师或辅导员。你充满好奇，你感兴趣的是人们说什么，而不是你来告诉他们怎么做。你提出好的问题，反馈你所听到的，鼓励他人尝试创意，并在他们做事时支持他们。

疗愈者：帮助人们从某决策或言语的伤害中恢复。治疗师容易陷入"修理"别人，仅仅帮助他人修复和改善就好。

娱乐家：喜欢用一些有趣或转移注意力的东西来获得团队的关

注。　当专注于目标时，这可以帮助治愈或教导。此外，娱乐型的领导者也可以鼓舞人心。你的轻快可以提升能量并注入了希望。如果你使用幽默作为主要的娱乐形式，那么你可能变成喜剧演员。

导师：是明智且值得信赖的赞助者或支持者。人们寻求您的建议和见解。你可以把教练作为一种工具，但你更倾向于他们有智慧，而不是把它从他们身上夺走。

母亲：用于支持，鼓励和保护你认为你在"照顾"的人。你可以将他们的需求置于自己的前面。如果你在这个过程中牺牲自己，你可能会成为烈士。养育者或看护者与母亲相似，但你可以提供支持和鼓励，并且不会让人依恋。

魔术师：根据你大量的经验，你可以幻想并实现其他人无法想象的宏伟事物。你喜欢让事情发生，即使必须由你自己做。你相信如果一扇门关闭，另一扇门很快就会打开。

老师：喜欢分享她的智慧。你可以轻松地综合各种想法，并以受众可以理解的方式进行诠释。但是，当你的教导被拒绝或受到挑战时，你感到被冒犯。如果你捍卫自己的观点并加剧冲突，你的学者或勇士的一面可能会出现，则你会错过了学习新东西的机会。

侦探：具有很强的观察能力，可以看到其他人经常错过的细节。你渴望寻求真理。像教练一样，你天性上就很好奇，这使你成为一个有着坚实的直觉的好听众。　然而，在你信任他们之前，你也往往会倾向于怀疑他人。

联结者：将拥有不同视角和背景的肩负任务的人员编织在一起，

以实现共同的目标。你可以使用许多通信平台为人们提供连接的机会，包括基于互联网的选项。

修复者：喜欢找到答案，并且在找到"修复"之前不会放弃疑难杂症。你是一个足智多谋的人，但有时你需要放弃才能继续前进。

伴侣：感觉到她的人生使命的一部分是与其他人合作。这可以是朋友，配偶或家庭伴侣，也可以是雇主。

艺术家：倾向于视觉化和热爱美。你用自己的方式定义美。 你喜欢用你的创造性技巧来解决问题，但是当你的工作价值得不到承认时，你就会变得有脾气。

理想主义者：是持久的乐观主义者，认为玻璃杯半满。你相信我们最终会自己构建自己的现实，那么为什么不创造一个好的呢？如果你有强烈的愿景，你就可以成为革命者。没有愿景，你可能会被视为与现实脱节，容易掉入陷阱。

赌徒：是一个风险承担者。你相信自己的直觉，这会使你难以听到和接受别人的想法，特别是当你觉得这些是过时了的。你缺乏权衡利弊的耐心，但你可能是唯一一个准备好在有机会出现时跳跃的人。

女王：倾向于统治者。你喜欢做决定，你对你所拥有的力量感到舒适。你愿意照顾跟随你的每一个人，让他们得到应有的照顾和快乐。你在做决定时尽量不表现出担忧，看起来更富有同情心。有时候你会被认为是自私的，因为你的权威而反感你。但当你一出现，你带着女王的能量。

指挥官：经常以任务主管身份出现，把规则和目标放在人的需求之上。你通常喜欢发号施令，以此来完成很多工作。也因为你的命令，而损害他人的能量，你需要学会倾听，并仔细选择何时表达。下达命令应该有限地使用，而不是习惯性地下达命令。

二、挖掘优势：
建立领导力思维，盘点优势完成职场跃迁

前面明确了我们想要发展的领导者角色，那么这一节我们来建立领导力思维，挖掘我们本身的优势进行职场跃迁。事实上，我们身上的优势非常多，比如亲和力强、做事耐心负责、细致认真，甚至还有些完美主义倾向，我们还善于沟通、倾听和合作，人际敏感度强、直觉能力强、包容度更高。就现有女性领导者的特质来看，女性会更加关注人性，关注工作中的细节，更乐于与团队合作、协调沟通，发展团队潜力，擅长管理多样化的人才团队等，种种表现都说明了女性的领导风格相对偏向柔性。

但在实际工作中大家对女性领导者会多一些考量因素，例如关注女性领导者工作和生活上的平衡，用人单位会问及或者会担忧女性领导者要不要照顾家庭，要不要生孩子等这些私人话题。女性结婚生子，对于企业来说还是需要考虑用人成本。大部分情况下，男女共同追求同一岗位时，女性争取岗位机会的难度更大，而且女性要求的薪水普遍比男性低。所以我们需要用优势获得机会，争取在职场中的话语权。那如何实现职场晋升跃迁呢？先从盘点我们的个人优势着手：

图 6-3　盘点个人优势

性格优势

　　了解我们的性格优势、能力和价值观。心理学中将人格类型进行区分，就目前我了解的区分方式中，准确度比较高的是 MBTI 职业性格测试。这个测试通过 4 个维度了解你获取能量的来源、思考方式、目标导向性以及行为模式。这是个庞大的工具，如果你想深度了解自己，可以看看《请理解我》[1] 这本书。下面我们来确定自己的领导力决策类型以及偏向性的交流风格。每一种类型各有优势，没有高低之分。

1　［美］大卫·凯尔西．请理解我．王晓静译．北京：中国轻工业出版社，2001.

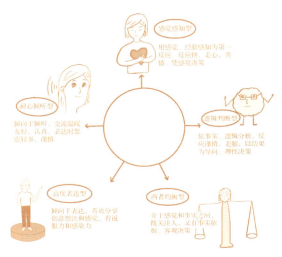

图 6-4　领导力决策类型及交流风格

我们将领导力决策分为 3 种类型、交流风格分为 2 种类型。

决策类型 1：感觉感知型。这种类型是在自然本能的反应下，而非被迫的工作环境中，用感觉、经验感知为第一反应。她的直觉和感知能力强，反应快、走心、能共情他人，且是凭感觉作决策。如果你的决策中，感知占有 60% 以上，那么你偏向感觉感知型。

决策类型 2：逻辑判断型。通常情况下这种类型的领导者遇到问题第一反应会很冷静，以事实进行逻辑分析，而不是先出现情绪。在她看来情绪并不能解决实际问题，只有深入事情本身找出问题所在才是解决问题的根本。她的反应谨慎以结果为导向，决策相对理性。如果你的决策中理性思考占 60% 以上，那么你偏向逻辑判断型。

决策类型 3：两者均衡型。这种类型的人是介于感觉和事实之间，既能关注于人的感受，又有事实依据，会客观决策。选择这种类型的通常有三类人，第一类是非常成熟的人，她的人生阅历丰富，见多识广，考虑的维度相对全面，做决策比较快；第二类是比较纠结的人，因为她既要平衡自己的感觉、他人的感觉，还要基于客观事实，做决策会非常犹豫。因为没有偏向性，认知程度有限，做决策时就会想很久，力求人和事之间的完美，甚至最后被迫决策；第三类是自认为自己是这种类型的人，代入了理想中的自己而不自知，或者不能准确判断自己的偏向性风格，认为自己既有感觉，又有事实依据。如果两者不能达到相对平衡，那么你就有以上某种类型的偏向性。这就好比一个人很外向，同时她也会有内向的部分。如果她的外向达到 60%，更倾向于与人打交道，从外部接收信息，那她就是外向型人格。其中 40% 她需要通过内化、独处来恢复自身能量。我们每一个人都同时存在两者，既不是绝对感性，也不是绝对理性，我们分辨的标准就是看自己偏向于哪一边。

接下来是两种类型的交流风格。

表达类型 1：高度表达型。这种类型的人在自然状态下表达能力非常强。在说和听之间，更倾向于表达，喜欢陈述事实和感觉，喜欢分享创意和想法，会常常给同伴鼓励，具有说服力和感染力。

表达类型 2：耐心倾听型。在说和听之间，她更倾向于倾听他人，交流温暖友好，会认真倾听，与你产生共鸣；在交流的过程中她不打断你，让你觉得有安全感，表达时思虑较多，提问较多，总结反馈时会审慎认真反馈给你。

我们知道了自己处于哪种类型，就可以发挥自己身上的领导力优势。比如我，是一位耐心倾听型。在领导他人时，用咨询、教练的方法带领下属就非常适合。我擅长战略和逻辑思考，可以给下属或别人目标方向，告诉他们具体的行动步骤。而与人共情、关注下属或他人感受、激发他人内驱力等方面就需要多加练习。如果你是感觉感知型，可以发挥共情和影响他人的优势，同时练习深度思考能力；如果你是高度表达类型，就与团队多沟通，发挥团队作战的能力，同时练习倾听他人的能力。总之，发挥个人优势，有意练习提升与自己优势相反的能力。

盘点技能和成就事件

了解自己学什么专业，擅长做些什么，在工作生活中哪些类型的工作做得快又做得好，能取得成绩。除了专业能力，还有你的软技能，包括沟通能力、谈判能力、解决问题的能力等。罗列成就事件，包括你的业绩增长结果或者数据展示，以及做过的重大项目，拥有的作品等，看看这些成就事件、数据和结果都有哪些共同点？这些共同的特征既是你创造价值的地方，也是你的个人优势所在。

我曾经在职场的时候会把每个月工作内容做复盘，把成绩罗列出来，到年终的时候拉出每个月的数据盘，把每个月的数据用不同颜色标示出来进行对比，看看成长曲线是在哪些月份高，哪些月份低，分析这其中变化的原因；以及结果与期待之间的差异等。如果结果不好，要么事情没有做到点子上，时间花得不对，要么定的目标太高或者太低，就需要重新校准目标。我现在会给自己至少做两张表，一张是成就事件表，把每次做的成就事件做记录，随时更新；另一张是财务数据表，把支出和收入做好记录，方便随时了解自己的财务状况。在职场中的你也是一样，需要去盘点自己拥有哪些技能和成就事件，随时更新简历，哪怕你目前不跳槽，我也建议你时常盘点时常更新。

价值观优势

价值观是我们认识世界和指导自己行为的一种判断方式，对我们来说非常重要。

在写本书的前几天遇见一位企业的 HR 总监，她告诉我她并不是很看重工作，因为不知道做这份工作以及每天忙碌工作的意义所在。她追求的并不多，只希望家庭幸福，钱够用就行了。我问她你现在家庭不幸福、钱不够用吗？她说也不是，已经拥有了财务基础，所以不知道每天这么忙的意义是什么。对女性来说，到底看重什么，是家庭孩子，还是事业发展，该如何选择，如何做取舍，需要事先知道和了解自己的内在需求。如果你追求事业发展和成就感，在职场晋升内心没有价值观冲突，属于成就导向；如果你追求的不是事业发展，而是爱和归属感，一旦工作发展到一定阶段，没有物质上的担忧你就容易患得患失。所以，找到你的价值观，是成就还是爱，是事情为主，还是以人为本，看看自己更加倾向于哪一个。

职业趋势和个人愿景优势

从三点进行考量。一是看外部与你工作相关的职业发展趋势，各大招聘网站与你相关的职位多少，比你现在高一级别的职位是否有在招募……如果机会多，说明你目前的职位有一定的上升空间和外部机会。二是看公司内部晋升通道怎么样，有没有发展的空间和职位。如果领导坐在那个位置稳如泰山，那想要晋升就比较困难。如果上面没有职位空缺，那也许有创造新岗位的机会。像我一位学员去年刚毕业工作，今年初就建立了一个新的团队，晋升了一个级别，这就创造了新的晋升机会。三是你自己职业发展的个人目标是什么。如果想成为经理、总监、总经理，那就认定这个方向积累能力和相关的工作经验，以此匹配上这个岗位。

完成职位跃迁是有路径可依的，先看你的岗位意愿度、个人目标，再看自身的优势、成就事件，最后看公司内外部晋升机会和招募职位，找到匹配自己职业发展愿景的机会，就能完成个人领导力跃迁之路。接下来是 5 条领导力思维提升建议：

1. 诚实面对自己

许多取得成就女性的案例表明，她们往往是决心坚定的人，对事业充满热忱，就算面对困难也依然毫不退缩，并且愿意在自己所做的事业上投入大量的时间。对于想成为女性领导者的你而言，要诚实面对自己，弄清楚自己追求的是事业还是家庭。弄清楚自己想达到什么目标，是升职加薪、考取证书，还是陪伴孩子成长；擅长管理、与人沟通？还是技术能力？想一想如何将优势运用在你的领导岗位当中。成为领导者，你做好准备了吗？

2. 坚定信念

心理学中有一个著名的理论叫皮革马利翁效应。这个理论的发明者罗森塔尔在实验中发现，一个人越期望什么，就越相信什么。你越期待，所有的心念和行为就会聚焦你想要去的方向。只要你充满自信地期待，并努力去争取，你相信事情会顺利进行，事情就一定会顺利进行。相反，如果你相信事情会不断受到阻力，那么阻力就会产生，这就是信念的力量，也是"自我"预言的外在显现。

3. 拥抱不确定性

除了拥有坚定的信念系统，我们还需要一个职业目标系统。第一章目标课我们有讲过如何列出具体可行、长远宏观的高层次目标，以及短期的低层次目标，这需要精心的谋划和布局。为未来制订晋升计划，学习相关的知识和培训技能，在机会来临时，你能提前做好准备并具备相应的能力去抓住机会。在这里我们不仅要学会做好准备，抓住机会，还要学习如何接受失败，因为过程是不确定的，并不是我们努力了就能得到结果。我们能获得成功需要天时、地利、人和；如果失败，并不是我们不优秀，肯定有需要我们继续提升的地方。我们要做的是如何在过程中继续提炼心性，保持成长。如果你是领导者，你更看重的是在过程中获得成功还是成长？

4. 勇于承担高水平的任务

成为领导者的过程中遇到艰难、风险、挑战是正常的，这需要你的性格中拥有冒险的潜质，我们要与这些不确定性做伴。如果你已经准备好晋升更高职位，并且有自信排除万难，面对挑战，你就能不断积累解决问题的能力和判断分析的能力，逆商也会变得越来越强。女性的自信是建立在排除万难的基础上，把一个个困难解决、自信自然就积累起来。所以勇于承担高水平任务是提升自己最快的方式之一。一旦成功，自我认可度就会更高一层，心态和思维更加积极。

5. 为自己发声

女性领导者值得重视且非常重要的一点是要善于为自己发声。女性容易低估自己的成绩和能力，不擅长说出自己的优势和成就。她们认为自己的成功是他人帮助的结果，自己的优势不值得一提，这都是女性无法认可自己、不自信的表现。作为领导者，特别是女性领导者，当取得成绩时要敢于在众人面前表达出来，敢于发表自己不同的观点，哪怕自己的观点不够新颖或者不够深刻，但想说的时候心理状态一定要是轻松自然的。发表观点并不是固执己见，为自己发声不是刻意显摆，我们既能表达自己的观点进行思维碰撞，也能征求他人的意见。同时也没必要获取所有人认可，并且采纳所有人的建议。

在确定你的领导者风格、自身优势后，接下来用简单的方法来培养领导气质，升华自身完成职场跃迁。在职场中，你是否具备领导气质，将决定大家把你看作一般同事，还是领导者。这就需要我们展现自身力量，从你的内在信心、坚定的表达和外在的行为表现来对应你的行为方式、说话方式和自我形象的展现。领导气质并非与生俱来，有抱负的女性需要培养自己的领导气质。简单来说它是指确立自身的权威性，拥有自信的态度和真诚的沟通方式，来让自己在领导者的岗位上拥有掌控自己的力量，培养自己的可靠性。具体表现在这几个维度：

（1）掌握你的内在对话。作为领导者，有时候也会有能量低的时候，当你脑海中出现"我不够好"等消极负面想法时，这显然对我们没有什么帮助。你必须下定决心掌握对自己的主动权，有意识控制在脑海中的念头。你需要积极调动你的思维，重新训练大脑，用四句话帮助我们重塑大脑的信念，分别是"我属于这里""我 100% 属于这里""面对恐惧我会勇往直前""如果是命中注定，那就是我命由我不由天"。这四话会让我们拥有无比坚定的内在信念。

（2）通过外表来展示你的力量。我们常常说"不要以貌取人"，但研究表明，我们只需 3 秒钟就能形成对他人的看法。那怎么来得出判断呢？就是通过外貌和妆发造型向他人展示你的领导气质。我们如何选择适合自己的服装打扮来展现自己呢？有这三条建议给你，它们分别是：首先，要知道你穿什么会比较适合自己，你穿上什么衣服，就会呈现什么样的性格特质，比如我喜欢穿西服套装，会给人一种干练的印象；其次是穿上你喜欢的衣服，展示真实的自己，你穿上喜欢的衣服会展现你最自信的部分，以及能给你的言谈举止带来内在的信心；最后是找出行业领域内的偶像或者你欣赏的对标领导，学会借鉴他人的长处，再结合你的个人风格和目标，就能积极展现属于你的领导者气质。

（3）行事果断。一般能做到高管级别的女性通常十分果断，如果你想成为领导者，也需要学会果断。这三种方法可以帮助你在领导团队和工作过程中变得更果断：首先，从小处着手，比如 30 秒决定做一件小事，然后执行。不断重复这样的决定习惯，再去做更大的决定。其次，直觉和理性思维相结合，直觉是感受内心的呼唤，理性是想一想"我掌握的信息中，最坏的打算是什么，最好的结果是什么？"最后，公开承诺，一旦作出承诺就全力以赴。真正的领导气质在果断做决定上是非常决绝的，重于执行，直到拿到结果。

（4）从错误中快速恢复。研究表明，有 69% 的人承认自己曾犯过灾难性的错误。作为领导者我们难免会犯错，重要的是如何从难堪、失误和错误中恢复过来，这是我们的必修课。那我们如何来恢复呢，有这四个步骤：首先，承认错误，出错后立即承认自己犯错就好了；其次是不要过度解释自己的错误，这会加强大家对你的负面印象，非必要不说，非强求也不说；再次是学会幽默。幽默是化解尴尬的利器，帮助我们缓解气氛、自嘲的一种方式。比如你做错了，自嘲一下也就过去了；最后是宽恕自己。我们犯的错不会永恒存在，不要因错误而纠结反复，对自己多一些接纳，把失误、错误和难堪当成学习前进的动力。

（5）有力的肢体语言。身体语言是话语之外更重要的表达方式。我们与人沟通，有30%在于你说的内容，有70%在于你的肢体语言。如果你不自信，别人对你表达出来的信息也会将信将疑，在成为高管后你一定要注意好这一点。那如何提升领导者气质，让表达更有自信，我向你介绍三种强化肢体语言的表达技巧：一是闪亮登场，给出信号，向别人表明你将全身心投入晋升的职位中，准备好成为一位名副其实的领导者；二是保持高调，让自己看起来信心十足，人一旦对自己信心十足，就会增进我们自信的表现力；三是与他人积极地交流，特别是与他人主动交流，这表明你对自己要说的话很有信心。

最后希望你找到自身的优势，培养好领导者气质，成为一名优秀的女性领导者，在职场中不断获得晋升，成为企业高管中的佼佼者！

三、现实挑战：
高成就女性 5 大挑战及应对策略

从我接触过的女性高管身上，我发现高成就女性通常有这些共同特点：不断创造更高的个人成就，但情绪也会有低潮；不断迎接新的或者更高的事业挑战，时常对现状不太满意；对自身的能力更加自信，追求更多的人生价值和意义，总希望再追求点什么。不知道你看到这一段感觉会怎么样，有没有相似的感受？如果你已经是一位领导者，现在已经身居高位，期望在事业上有所发展，能够得到更多物质奖励和精神上的认可，成为工作生活游刃有余的女性……接下来我们来剖析高成就女性会遇到哪些挑战，以及如何成功应对。越走到高位，对自我认知上的升维越重要，否则会遇到瓶颈。前面有提到女性敏感度高，更感性些，在女性身上心理原因会多于事情本身，心理层面若突破卡点，女性解决问题的能力和韧性会超乎想象，力量会喷涌而出。

挑战一：过于自信

自信篇里我们有提到如何培养自信，但在高成就女性身上有时候会过于自信，不管对自己还是对他人要求会比较高，也追求效率，甚至有的时候要把下属的事接过来做才能放心，结果把自己累坏了，给自己造成很多负面影响。比如一次性做很多个项目，不懂得 Say No 和示弱；喜欢追求高效，压缩做一件事情的路径，最好直接到达目标的这种，就会省略做一件事情的必要步骤，这样会容易出错；同时，过于注重事情本身和目标，相反会忽略团队发展和同事们的感受，导致团队关系上可能出现问题。

假如你是这种类型的领导者，我建议你：适当放权，把一些工作给到团队成员去做，学会容忍他们犯错，并在过程中给予他们指导和必要的关注；如果自己有需要帮助的地方，可以向他们请教或者请求帮助，主动示弱；在领导团队过程中，关注团队成员的感受，以人为本同样重要，平时可以多做团建活动和团队成员沟通，增加团队成员之间的黏性，团队工作也能更愉快。

作为领导者，特别要控制好把团队成员的工作接过来自己做的这种冲动，他们做不好，你需要克制自己"看不下去了，还是我来做吧"的欲望。面对这项挑战的核心关键词是保持冷静、懂得接纳、适当放权、为团队赋能。

挑战二：想拥有更多新的挑战

每天习惯忙碌的人很难突然去放下一些东西，就像一个人每天吃很多食物，突然有一天不给吃食物，那这一天会很难受，不太适应这种习惯被打破了的感觉。高成就女性的特点就是闲不住，期望做更多事情，迎接一个又一个挑战，导致有些决策比较快，比较冲动。正因为如此，没有足够的时间耐心思考并坚持长久的职业规划，没有足够的时间沉下心来去 All-in 获得晋升机会，更没有给自己足够久的时间去停留，享受取得成果的感觉，只是惯性地做完一件事，接着做下一件事。如果你是这种类型，我建议你在战略上下功夫，应对策略是做减法，延迟做决定。怎么做减法呢，需要遵循两个原则：第一个原则是做好规划，按规划行事，时时去聚焦重要目标；第二个原则是思考新的挑战对年度计划或人生愿景是否挂钩。如果不挂钩就需要考虑自身精力投放，需要做减法，戒贪心。面对这项挑战的核心关键词是重战略、做减法、缓执行。

挑战三：追求有所作为的认可

自我实现，获得他人认同是我们每个人都想要的，只是自我实现这个维度有些人驱动力强，有些人驱动力弱。在写本书时我正好参加一个线上《赋能 CEO》的工作坊，话题是：你为什么要做现在的事业？你为什么选择创业？创业可以满足你什么样的需求？我发现大家有一个共同的规律，除了马斯洛需求层次顶层的自我实现和自我超越外，还有很多人是因为童年时没有被弥补的创伤。有的人小时候从来没有得到过父母的认可，有的人小时候被无视，有的人的祖辈重男轻女，因为各种各样的心理欲望没有被满足，长大之后就会显化在事业当中，有些需求变成了欲望，有些需求变成了人生使命。还记得本书前面讲过一个 HR 经理来咨询的案例吗？她同样因为小时候父母对她严格，导致她在事业上没有办法放轻松，选择继续升职是在心理层面想要获得父母的认可，否则就无法与自己达成和解。那么应对的策略是：回归到自我，把生命的主动权和自由的权利从别人那里拿回来，重新定义自己，而不是获得别人的认可，由外界定义我是谁。面对这项挑战的核心关键词是找到内在驱动力，修复自己，重新定义自己。

挑战四：工作是生命的全部

没有工作的人生好像失去了意义，她们的价值观中认为工作才是人生的主旋律，所以会出现很多工作狂、加班狂，这种人大有人在，想停也停不下来。曾有人向我抱怨，每天忙得跟陀螺似的，快要命悬一线了，看似可怜，其实是自己选择的结果。不想工作这么忙，工作节奏是可以调整的，工作效率是可以优化的，当然，工作也是可以换的。有人就回答是因为缺钱，我反问她，你觉得自己赚多少钱才能达到不缺钱的地步，她自己也回答不上来，心里并没有想清楚自己的需求，只知道自己很缺钱，但其实背后是缺安全感。努力工作是美德，如果没有生活会导致拥有遗憾。每天忙碌是没有时间思考工作的正确性，也没有平静的时间用来留给自己爱护自己，在战术上勤奋，在战略上缺少了反省的时间。所以应对策略是：多些时间和自己相处、对话，给自己创造更多独立空间。面对这项挑战的核心关键词是保持觉知，学会放下，提升生命能量。

挑战五：相信过往的经历才是最好的老师

高成就女性通常比较自信，凡事更相信自己，会参考他人的建议但不会因为别人的指点而迷失了自己，会综合多方面去考虑。面对他人建议时，她们更相信自己过往经历中总结出来的成功经验、所做出的成果、所得出的数据、所使用的方法……毕竟，过往的成就事件是依靠自己实践得出的，过往经历便是她们最宝贵的经验资产。总之，她们会依赖自己或已有的数据来做预估或判断。因此，高成就女性不仅相信自己过往经验，发自心底相信自己，还容易不断循环这种思维模式。在遇到决策时，容易再次陷入旧有反应模式。人最大的挑战往往是打破我们固有的认知和思维限制。

大部分高成就女性的特点是：高标准、高要求、高效率、单兵能力强。在值得称赞的背面也会产生负面行为，比如在做事情时，把自己放在了事情的后面，只考虑事情的结果，而忽略了自身的感受。因为太看重结果，自己在做事情的过程中快不快乐，并不重要，把自己当成了实现结果的工具人，因此变得麻木，大部分情况下不会有太多心生喜悦的感觉。这类女性通常喜欢独立工作，更依赖自己完成工作，不太喜欢寻求帮助，有时候还会产生一个心理是"找别人帮我干的路上，我自己早就干完了！"她们讨厌低效、慢吞吞、愚笨的人，这不仅不能帮到她们，反而会令她耗费心神，失去能量。

　　我们会遇到各种挑战，但挑战更多来源于我们自己内心需求的投射。只要我们打开心扉，迎接挑战，便走在了绽放自己的路上。

四、赢得成功：
女性如何修炼卓越的领导力？

女性崛起不一定要成为卓越的领导者，每个人实现自我的定义不一样。本节给想要进阶成为卓越女性领导者的朋友一些分享。成为卓越领导者对每个人来说无疑是一件需要足够认知和高能量的事，需要不断修炼自己。对领导者的成功和成就的理解有不同的标准，那么什么才是成功，我们对职业成功有哪些定义，需要清晰地界定边界。

在我访谈的女性 CEO 中，她们对成功拥有不同的主观感受和客观需求。主观感受来自她们内心的满足感、成就感乃至幸福感，而客观需求包括拥有良好的事业结果，实现人生高层意义的目标，以及很有效率地实现事业目标。职慧公益蚂蚁老师曾明确表示她对职业成功的定义："当我选择了一件自己认为对的、有价值有意义的事情，无论外界如何看待，只要我全身心投入其中，付出体力、精力和智力，但行好事莫问前程，成功会以副产品的形式，自然地来敲门。"同时，通过对咨询学员的了解和访谈嘉宾的反馈，我对"成功"的属性也做了一些简单的总结。

（1）心理层面成功：

实现梦想、获得成就，做自己喜欢的事；

存在感，感觉快乐和享受做事的过程；

正面反馈，对自己满意。

（2）结果层面成功：

达成高目标，完成计划；

提升个人价值感，结果很好；

提高组织效率，良性发展。

（3）成长层面成功：

获得认可，并支持他人取得进步；

经济独立，持续的学习力；

平衡工作与生活，良好的家庭生活。

上面概括的不需要全部达成才算成功，每个人追求的还真不一样。反过来，找到你看重的几个点，从公司业务、组织架构以及自己的需求出发，结合实现。既达成公司需要，又满足你的追求，还让你感到开心的，那么就是你追求的成功。

如何来修炼自身的领导力呢？除了我们本身的亲和力、直觉能力、悟性外，我们的敏感度在识人用人，决策的时候有极大的好处。女性相对谦和，能凝聚团队，善于沟通，学习能力也超强，但要成为卓越的女性领导者我们还有几个方面需要持续修炼，接下来我将从"领导者先激活自己、坚持自己的领导风格、战略思维以及有魄力和担当能力"展开。

领导者先激活自己

CEO 教练 & 创业导师金丽华（Jennifer）老师分享她在赋能 CEO 同时，这一路其实也是照见自己的过程，不管自己现在是什么角色，我们都带着自己的缺陷前进，不断修复。我自己身为导师也有同样的感受。在解决其他伙伴种种困惑时，我本身也会带着自己的课题前行，有些是情绪课题，有些是认知课题，都在修复自己的过程中激活自己，激活后的自己会更加有力量去赋能他人。因为我感觉到很多人的困惑都是相似的，就像翻山越岭那样，只有自己先爬过一座山，才能在心中建立一个框架图，看见对方正在哪个阶段，将自己拥有的经验"对症下药"分享给同样困惑的伙伴们。

那么作为领导者也是同样的原理。在领导他人的过程中，要先修复自己的缺陷，看看自己在工作的过程中有哪些卡点需要突破，遇到问题如何找到更好的解决方法，这样才能更好地领导团队。激活自己就是先突破自己，找到自己内心的原动力和更深层次的自我意向，我们才能以同样的方法帮助他人找到积极工作的原动力。你要先"剖析"自己，因为不见得每个人都有深挖自己的勇气，没有一个人喜欢被否定，人性都喜欢受到别人赞美，深挖自己是一件逆人性的事情，但只有打开自己才能照见自己，才会对自己产生颠覆性的影响。赋能他人先从激活自己开始，不管是团队还是个人，都是一把火点亮另一把火、用生命影响生命的过程。

坚持自己的领导风格

市面上有各种各样的领导力课程值得我们学习，也有很多方法论，我认为这些方法论的好处是教我们怎么做，但没有告诉我们为什么要这样做，而我想分享的是我们如何去展现自己本身具有的领导力。

是的，在我们每一个人身上都有独一无二的个人领导力，我们不需要一味地去模仿别人。很多女性领导者会去模仿男性刚强，有力量，阳性力量很足的一面，试图赢得别人认可，让自己符合大众心目中领导者的形象。而女性做她自己时能量是爆发的，内外统一的，女性正确的领导力是在体现自己的风格，有刚强也有柔性，有坚定也有示弱。但是做真实的自己并不容易，你必须要对自己有足够的意识，才能在拥有权力时做回自己，在你做领导者的时候，不需要看起来像男性那样，而是基于对自身的信任，对事业的热情。

刚强和果断并不适用于每一家公司和每一个团队，而要结合团队的情况以及自身的能量而定，不管工作还是生活，底层逻辑都是人与人之间的交互，能量与能量之间的交互，能量强的人能很好地兼容能量弱的，那么强能量来自对自己的看见与认可，以及对自己的确信。所以你不需要改变自己的个性，应该坚持内心的直觉，做回真正的自己来提高领导绩效。

战略思维

不管在组织用人方面还是决策层面都要提高自己的大局观，这个是可以训练的。提升战略思维需要清醒的头脑，学会分清楚工作中的主次，学会时间管理，不断优化组织效率。管理学大师彼得·德鲁克曾有一句名言：最没有效率的人就是那些以最高效率做最没用事的人。低效和失败的领导者所犯的错误是把重要和紧迫的事情相提并论，所以作为女性领导者要深度思考如何引导团队成员去做重要的事，分解任务，明确职责，着眼大局去聚焦组织中的中心事件。战略思维特别强调"重点性"，对事物看得全面，洞察得越本质，才能拥有战略上的远见和预见力。所以提升认知是女性领导者的提升重点，最直接的方式就是多和老板或者直属领导沟通，从他的层面给建议，同时也听听下属们的意见后再去战略布局。

魄力和担当能力

没有超凡的胆识和风险承担能力，就难以担当领导大任。魄力和担当能力是领导者的重要素质，像《向前一步》作者谢丽尔·桑德伯格那样坐在会议室前排，一个人带着上百人上千人的团队，这种担当能力需要修炼。女性天生思维缜密，考虑周全，顾及他人的感受，重视他人的言论，敏感度强，着重细节，还有追求完美的心态，这些在做决策时往往形成巨大的阻碍，所以有一部分人做决策时往往很纠结，不能就重避轻。信息了解越充分、越透彻，决断才越有把握，这种魄力和担当能力可以通过后天的积累和复盘习得。领导者不论男女，如何让老板和下属从你身上看到信心和希望，最重要的是关键时的挺身而出。

　　不管是在工作还是生活中，是在职场发展还是创业中，是被他人领导还是领导更大的团队或者升往更高的职位时，这一切不过是一种人生修炼与体验。我鼓励那些拥有梦想，想要有一番作为的女性不要停下脚步，勇敢地去追梦，去行动，去实现卓越的人生价值与自我超越。这个过程中你就会遇见非凡的自己。

思考与练习：
领导力优势与个人挑战自我分析

一、我期望的领导力角色是什么？

二、有什么内在优势可以帮助我更快地晋升？（多选题）

优势、天赋：□有创造力　□快速思考　□勇敢　□联结

积极的情绪／态度：□乐观　□幽默感　□坚持

个人价值观：□好学　□做事有始有终　□追求成就感　□看到他人优点

独特的能力和视角：□世界观　□成就导向　□完美倾向　□身体强壮　□家庭幸福

三、成为领导者或身为领导力，我会遇到哪些挑战？（多选题）

挑战 1：过于自信

□　一次性参与太多项目

□　完美倾向，要求每个项目做到最好，没有主次优先

□　在现有的工作中忙碌坚持，看不到其他可能性，不够灵活变通，没有战略性眼光

□　自以为是的压缩项目进度，没有考虑到他人的感受和对参与其中的每一个人的影响

☐ 我是一个很好的结果导向者，但可能不是一个很好的团队合作者

挑战 2：想拥有更多新的挑战

☐ 没有长远的职业规划，需要持续新的挑战，而不是耐心地去坚持做一件事

☐ 会根据当下的感受冲动做职业选择，而不是从长远出发考虑，凭感觉做决策

☐ 没有在一家公司待足够久的时间去获得一个职位，哪怕这个职位你足够想要

☐ 工作一开始很好，时间一长就无法满足好奇心理而提不起对工作的兴趣

☐ 难以享受胜利的果实，也很难沉浸在成功的喜悦里便马上迎接下一个新的挑战

挑战 3：追求有所作为的认可

☐ 要求自己或他人达到高标准，我不能容忍与我心理要求之间存有差异

☐ 当与他人意见不同时，我会变得直言不讳、固执，或者发生争执

☐ 我基于做什么来定义自己，而不是我的优势和个人的价值观

☐ 我渴望得到他人的帮助和支持，以及找到更好的解决方案

☐ 我时常感受到烦躁、疲倦，甚至失望

挑战 4：工作是生命的全部

□ 渴望心灵的宁静和平衡，却很少为它创造这样的机会和空间，有时候想停下来

□ 感受到拼命工作并不是大爱而是自私，不是自信而是自大的表现

□ 不确定自己全力以赴工作是否为人生正确的选择，经常会与别人做比较

□ 与工作以外的个人爱好、家庭生活脱节，也没有独处的时间

□ 过于关注工作结果却让我忽略了人生的大局

□ 可以无限次应对挫折，但不能接受最终的失败

挑战 5：相信过往的经历才是最好的老师

□ 不能很好地采纳他人不同的建议，以及接受批评

□ 即使周围有很多人，也会时常感受到孤独

□ 很长时间里难以感受到轻松、快乐和幸福的感觉，渐渐变得麻木

□ 不寻求，也不接纳他人提供的帮助和支持，甚至会误解他人的好意

□ 一旦失业，遭遇到否定或失败，就很难再自我恢复和肯定

四、成为优秀的女性领导者，在心理层面评估自己

女性领导力优势自测表

评估项目	非常同意	同意	愿意接受	不同意
我愿意创造并利用机会挑战自己				
我像主人翁一样思考和做事				
我在乎我的声望				
我对改变的渴望大于内心的恐惧				
我愿意承担风险，并承担更大责任				
赋予他人能力比掌权更重要				
为了脱颖而出我有信心不去融入他人				
我愿意打破规则，成为影响者				
我愿意保持开放态度，倾听并落实新的解决方案，包括来自团队的方案				
我愿意跳出框架看事情，哪怕在我最擅长的专业领域				
脆弱让我真实，我愿意接纳我的脆弱				

＊上表仅供评估自我真实意图与内心匹配度。

第7堂
女性突围课

一、调节压力：
正确调节职场压力和释放压力

    2019 年清华大学国际传播研究中心与澳佳宝研究院联合发布了《中国职场女性心理健康绿皮书》，其中提道：约 85% 的职场女性曾出现过焦虑或者抑郁的症状；约 90% 职场女性出现过不同程度的负面情感、心理不适或躯体症状；近 50% 的人表现易怒、着急，或者心情烦乱、恐惧；约 40% 的人出现衰弱和疲乏感，或者闷闷不乐、情绪低沉；此外，还有超过 30% 的人因头痛、颈痛、背痛而苦恼。有人说，我不开心了，是压力来了；我没动力了，是压力的表现；我抓狂了，想骂人了，是压力造成的……那压力如何而来，我把它定义为一个公式：

$$（期望 - 现实）× 弹性系数 = 压力$$

    "期望"代表着"社会预期"，大家对你的期待，父母对你的期待，老师对你的期待，丈夫对你的期待……期望你成为一个更优秀的人，创造更大的价值，比如会赚钱、能带娃、美貌如花、上得厅堂、下得厨房……这是社会或他人对你的期待。"期望"还包含"个人期望"，你对自己的期望值，你给自己设立的目标和榜样；"现实"是你对现状的认知、环境的认知，自身在环境中属于什么样的层次和生存环境；"弹性系数"是你的个性部分，我们都有不同的个性。

对女性来说，压力通常存在于这几个方面：工作压力、家庭负担、人际关系处理和学业压力四个方面。

首先是工作上的压力。很多人对职业没有明确规划，对未来的职业发展在很长一段时间处于茫然的状态。特别是刚毕业的职场女性，职业定位不清晰，频繁跳槽；还有些女性到中年需要对自己的职业再定位，希望根据自己的兴趣爱好和人生使命探索新的人生意义和价值，想要换份感兴趣、有意义的事业，在这个情况下也会寻找很长一段时间。除了没有明确的定位和规划外，有不少人的工作是超负荷的，这跟公司文化有很大的关系。但不是说不倡导加班的公司就没人加班了，并不是，很多人还是想把工作做好，主动熬夜加班，也给自己造成了一定的工作压力。

其次是家庭方面的压力。没有结婚的，只需要关照好自己，但如果生病了或者工作上不稳定，内心就会没有安全感。结了婚的人精神上压力相对更大些，这部分女性刚生孩子，又处在职场上升期，既想把工作做好，又想多点时间照顾家庭，精神压力也很大。不管是结婚，还是没结婚，都需要好好赚钱，好好工作，照顾好自己，承担部分家庭责任。

再次是人际关系方面的压力。有研究表明，男性更喜欢思考，女性更喜欢讨论，女性在互动交流中寻找到认同感和满足感，在讨论中形成自己的观点，团队作战是大部分女性更加喜欢的方式。话说回来，我们都喜欢有人支持，团队作战和一个人作战还是很不一样，爆发力会不一样。假如人际关系不好，在工作中产生摩擦，在生活中产生矛盾，带着情绪工作，那么合作比较难开展，工作质量和效率就会降低。大部分女性对归属感和情感的需求会比较强烈，特别是重视感情感受，喜欢与人打交道。

最后是学习上的压力。不得不承认这个时代变化太快了，也是女性成长发展的上升期。从 2015 年开始国内女性成长就呈现上升趋势，未来十年也是女性成长崛起的一个阶段，这个阶段的女性不仅仅对经济独立有要求，对自身价值、力量展现、性别平等也足够重视，渴望站出来被大众看见。当然，我们这一代也很拼，不断深造学历，努力工作，提升在职场中的地位，考取证书，牺牲睡眠和休息时间，谁也不想落后，你说是吗？

这些压力会给我们带来哪些伤害？

工作倦怠：表现为情绪低沉，要么变得佛系，要么变得玩世不恭，价值感和成就感很低。工作没有激情，不想上班。

人际关系恶劣：家庭关系不好，职场人际关系也不好。

情绪低落：沮丧，失去兴趣和生活乐趣；绝望无助感，觉得生活没有意义。

思维盲点：注意力无法集中，易被干扰；思考速度下降，头脑不清晰；记忆力减退；判断、决策能力下降，认知扭曲，陷入自责中。

身体上的症状：失眠、多梦、贪睡；头晕、头痛、浑身酸痛、肌肉紧张；食欲下降、体重减轻、心慌气短等。

参照图 7-1，当我们将压力调节到适中状态，我们在最佳表现区域的工作效率和质量也是最高的。如果压力过小，或者过大，就会表现以上症状。对照我们自身，主要因素来自 3 个方面。

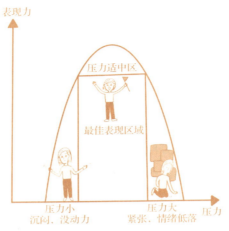

图 7-1　压力曲线

（1）总关注自身不好的地方，心态消极负面。相信你身边也有这类人，你夸她，她马上会说自己不好的方面，或者把功劳推给别人，想要拉近与谈话者之间的距离。遇到事情会往不好的方面去想，比如老板会不会责备我，另一半会不会不爱我，婆婆会不会生闷气，导致内心戏比较多，虚无缥缈地自编自导自演，其实外部世界什么也没发生，想象力比较丰富，并没有解决现实当中的实际问题。如果你是个想象力丰富的人，可以参考以下路径，转变思考方式。

我哪里做得不对了？——该怎么运转正常？

我哪里做得不好？——我遇到的障碍是什么？

为什么还会搞错？——我可能会遇到什么机会？

（2）强迫性面对，当我面对那个项目不得不做，没有其他选择，必须实施时，我们内心是很抗拒的，这个压力感很强。如果遇到强迫性事件，我们可以这样思考，比如：

为了避免这种紧急情况出现，我接下来应该要做些什么？——如果我不这样做，会发生什么状况？

为了实现我的许诺，我对这件事情负责，我需要做什么？——接下来我想做什么？

为了满足这件事的要求，要求的截止时间、品质，我需要做什么？——是否还有可以协商的空间？

（3）对失败的恐惧感。自信心不足、怕失败，都是人之常情。如果有这种恐惧感，我们可以这样思考：

我需要谁的帮助？谁可以帮到我？我认识的人里面谁可以帮助我？——如果要获得成功，我需要付出什么，我可以做出哪些贡献？

这件事情的难度有多大？成功率在多少？——我可以发挥哪些优势和能力？

有了思考路径，再从中去寻找答案，想办法破解这三种自身的因素。说实话，这样的路径并不适合所有人。如果你行动力不足，现阶段用不上，可能会存在心理卡点，或者说认知还没有到达这个程度，那么行动力是很难跟上来并发生改变，这时应该要先去找情绪疗愈师或者咨询师破除心理卡点，将能量提上来，因为情况各异，就不一一详细展开了。另一种情况是每个人的人格特质不同。不同的人面对压力时的表现和应对压力的方式各不相同。接下来向你分享 3 种特定人群的人格特质，在面对压力时所产生的不同表现，以及不同的应对压力时的建议。

表 7-1 3 种不同类型的人面对压力时的表现及应对建议

各维度	性格特点	压力时的表现	个人危机	应对建议
执着型	进取心强 追求大局在握主动掌控事情发生者 冒险者 克服障碍者 固执、多疑	更多的控制欲 较少的服从	对他人不太关心 社交外向但很难有真正的友谊 容易发怒 难以接纳他人	调节好工作与生活的平衡 增加对他人的关心与沟通 必要时收敛高高在上的距离感
外向型	外向敏感 喜欢与人联接 擅长沟通 富有情绪感染力 情感丰富、多变 稳定性较差 以自我为中心	在心里积累压力 喜欢拖延 最后时刻完成任务	容易自我怀疑 情绪不稳定 喜欢接收信息 做事不容易聚焦	明确目标 聚焦重要目标 压力就是动力 主动寻找压力 一旦突破压力更有信心
完美型	完美主义者 谦逊、谨慎 注重细节、质量 现实而理性 低调勤奋 尊重规章制度	积极搜索信息 更多努力 未雨绸缪 不断完善	不管对人对事的要求均高 总对自己不满意 喜欢抠细节 容易愤怒 喜欢找问题 从自己身上找原因	调整过高的目标 积极的自我评价 调整归因方式 摆脱对自己不切实际的要求 积极地看待问题 合理的情绪宣泄 限制合理的工作时间

当我们对自己有更多了解，才能更好地掌控自己，调节自己的情绪和压力值，保持觉知。看完后，以上有你的个性类型和应对压力的具体措施吗？接下来我们一起来找到适合自己应对压力的四个方法。

方法一：思维认知提升

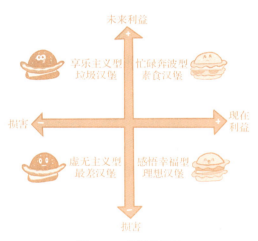

图 7-2　4 种汉堡模型

2020 年底，我开始跟随原哈佛大学幸福课的教授泰勒·本－沙哈尔博士[1] 学习 HSA 的幸福导师课程，又称积极心理学。这门课程带

1　泰勒·本－沙哈尔（Tal Ben-Shahar），哈佛大学心理学硕士，他推出的"幸福课"成为哈佛史上最受欢迎的课程。著有《幸福超越完美》《幸福的方法》等。

给我最大的帮助是思维上的认知提升和心理上的调节。这里分享沙哈尔博士的幸福汉堡模型，这个模型我在复旦大学 MBA 院校和部分 500 强名企有分享过，相信对你也会有帮助。这个模型要追溯到沙哈尔博士 16 岁那一年，他在以色列壁球赛中夺得冠军，在他长达 5 年的魔鬼训练中一直觉得生命有缺失。无论是长跑还是力量训练，都没有办法填补内心的空虚感。他本以为获得胜利就会快乐，所有的努力和痛苦都会值得，可等到他庆祝完成功，回到房间那一刻，迎来的只是内心的空虚感，他开始思考人生。于是，他去了汉堡店，给自己买了 4 个不同的汉堡，当他迫不及待撕开汉堡包装放在嘴边那一刻，他突然不想吃了。那一刻，他的脑海里形成了关于幸福的"汉堡模型"，他用人生的 4 种汉堡模型来回忆他当时吃汉堡的情景。

1. 垃圾汉堡

垃圾汉堡称为享乐主义型。意为这个汉堡口味诱人，是标准的垃圾食品，吃它等于我们享受了现在的快乐，却为未来埋下了祸根。依靠及时享乐，逃避痛苦，盲目地满足欲望，却不认真考虑后果的人。比如吸毒、超过自己能力范围的消费、刷信用卡透支等。

2. 素食汉堡

素食汉堡称为忙碌奔波型汉堡，里面以蔬菜和有机食物为主。有些人不喜欢吃这种汉堡，但为了健康，就选择吃了。这类人和上面"享乐主义型"相反，他们只追求未来的快乐，承受现在的痛苦，认为现在的努力都是为了实现未来的目标，却不在意当下的感受，忍受压力和痛苦是为了实现未来的愿景。他们认为一旦目标实现就会开心快乐，获得成功就等于收获了幸福。这种类型的人通常很忙碌，自身驱动力也很强。他们可能终生都在马不停蹄地从一个目标奔向另一个目标，如果不觉知的话，就容易演变成目标实现机器。

3. 最差汉堡

最差汉堡称为虚无主义型。这种汉堡既不好吃，也不健康。他们既不享受眼前的快乐，对未来也没有任何期待，活在过去的回忆当中，他们不相信生活是有意义的。如果说"忙碌奔波型"是为了未来而活，"享乐主义型"是为了现在而活，那么"虚无主义型"是为过去而活。放弃了对当下生活的珍惜和对未来生活的追求，他们停留在过去的阴影里没有办法走出来。听起来比较极端，实际上这种人大有人在，他们会觉得整天忙碌太辛苦了，会说"想当初会怎么……"，追求及时消遣，又过得很空虚，无论怎样，这就是命啊，认命了。

4. 理想汉堡

理想汉堡称为感悟幸福型汉堡。理想汉堡不是未来的汉堡，而是理想状态中的一种汉堡。什么样才称得上理想状态呢？不但能够享受当下，还能通过现在的努力去拥有更加满意的未来。他们不做两难选择，如果当下的收益和未来的收益有冲突的时候，到底是选择即时收益，还是未来收益呢？不管选择哪一个都容易顾此失彼。打个比方，你是选择现在为升职加薪而忙碌的状态，还是选择未来很忙碌的状态？你是选择现在享受生活，还是选择未来有钱了、退休了再享受生活？恐怕这都不是最好的答案。多数情况下，这种人会选择平衡这两者。再打个比方，如果你正在谈恋爱，那可以一边享受爱情的美好，一边帮助彼此成长发展，让对方也变得更好，未来结婚在一起，双方拥有更好的工作，基于长远发展拥有更加满意的未来。放在职场中，同样的原理，我们可以一边追求未来的事业成就，也要学会在发展事业过程中享受成长的快乐和点滴进步的喜悦。

那么你是哪种类型的"汉堡"，你想要吃哪种类型的"汉堡"？

方法二：正念减压

正念是我前面提到的幸福课当中通往幸福的 10 条道路中的一种，来自沙哈尔博士的 HSA 幸福导师课程。通往幸福的道路有 10 条，它们分别是：精神福祉中的意义、正念；身体福祉中的运动、修复；智力福祉中的失败、书写；关系福祉中的真实的人际关系、给予；情绪福祉中的接收、感恩。不管哪一条都能增加我们的幸福程度，减轻压力，让我们活得更加通透。正念减压可以帮助我们培养专注能力。如果我们能连续 8 周、每天 45 分钟坚持做正念冥想，便能减轻我们的焦虑，改善情绪，使大脑变化和免疫力增强。

　　正念减压实验来自马萨诸塞大学医学院名誉教授乔·卡巴金[1]，他教我们用正念方法减轻当下压力，每天进行正念冥想，不管你是45分钟/天的冥想，50分钟/天的冥想，还是15~20分钟/天为目标的冥想，只要每周做到3次，我们的大脑就有收益！我看了看我自己此刻在冥想星球 APP 中的冥想数据，已经高达10000分钟。2022年1月27日我在朋友圈专门为冥想发了一条感悟，当时我是这样写的："冥想带给我最大的帮助是我越来越沉得住气，大脑越来越清醒，看事情也透彻多了，做事情也越来越聚焦。修炼身心，是一辈子最重要的事。"这是我的收获，对于经常坐在室内电脑旁的我来说特别有效。正念冥想分为四种类型：

　　类型一：正念冥想。闭眼专注当下。

　　类型二：非正式正念。去户外爬山，去树林中、小溪边走走。

　　类型三：正式锻炼。举铁，游泳，能让你专注的运动。

　　类型四：非正式锻炼。拖地，烹饪，干家务活。

　　我们以第一种方式开始"正念冥想"练习，可以按照下面步骤进行：

　　第1步：找个舒服的位置，坐下来或者躺着；

　　第2步：让你的脑海停留在一个物体上；

　　第3步：回归到你的中心、焦点；

　　第4步：缓慢、温和、深入地呼吸；

1　乔·卡巴金（Jon Kabat-Zinn，PhD），正念减压疗法创始人。美国麻省理工学院荣誉退休医学教授，著有《正念：此刻是一枝花》《穿越抑郁的正念之道》《多舛的生命》。

第 5 步：接受没有做得好或者坏的念头；

第 6 步：重复以上步骤。

《曾国藩人生修炼日课》中有提到曾国藩本人每日修身的 12 条践行清单，其中第 2 条就是"静坐"。他的老师唐鉴作为当时知名的理学大师，只教给了他一条秘诀，这个秘诀就是静坐，让他每天静坐半个时辰到一个时辰。书中曾国藩回忆这简直是秘诀中的秘诀，不仅帮助他在 32 岁之后脱胎换骨，甚至后来在他人生每个关键时期都带给他极大的帮助。千万别认为这会浪费时间，乔布斯是有冥想习惯的典型人物。我自己也在冥想中受益，的确能帮助我减轻压力，让大脑清晰。

方法三：提升社会适应性

还有些压力是因为自身的能力匹配不上、应对方法不正确，或者由于内心过高的欲望。比如对自己缺乏了解，举个例子，我的学员就有不少人急功近利，并不清楚自己的能力圈、职业定位，就想要获得某一个管理岗位，并不知道自己是否适合，就来问我有什么办法达到。这就像一个人什么都不了解，既不了解自己的需求，也不清楚对方的要求，就要盲目"结婚"，这岂不是害人害己。那么针对她的期望，在我们性格剖析、划分出来优势和能力圈后，发现她的确可以满足这个岗位，且在她的能力范围内，接下来厘清有哪些差距，列出相应的成长计划，这样就对自己的能力优势和申请的岗位做到心中有数。

还有些人自我比较封闭，不喜欢与外界交流，喜欢把事情憋在心里，压力一点点积累直到爆发，或者身体出现疾病自己也不知道是怎么回事；包括过度劳累也是，这类人缺少说"不"的能力，或者说根本就不想拒绝别人，宁愿自己默默承受也不愿意得罪别人，其本质上还是不知道怎么应对。那么如何提升呢？一是提升对自己的了解，二是强大自己的内心，三是在工作中不断磨砺自己的心性。

方法四：体能的提升

体能提升了，应对压力的能力会增强。假如我今天有一个重大项目的谈判，公司给了我谈判指标，面对客户很有压力。如果我前一天晚上很晚睡，状态不好，那么在谈判时会气力不足；相反地，如果我早睡早起，一大早跑了个步，精气神就会很充盈，面对压力时会比较轻松开放，谈判的结果就可能不一样。

如何提升体能？可以从运动、饮食、睡眠着手。建议每天运动30 分钟，多吃素食，晚上 11 点前睡觉比较好。当然，我更建议你询问精力教练、营养教练或者你在健身房请的健身私教，他们会给你更加专业且符合你体能的阶段性建议。

我发现身处北京、上海、广州、深圳等一线大都市的女性普遍睡得比较晚，工作压力大，人也上进，下班后还在学习，晚饭吃得也晚，很多人 12 点钟才上床睡觉，其实这是需要调整的。我记得朋友圈曾经有人分享过一个好方法，那就是设置睡觉的时间节点，让手机自动关闭，比如你设置 11 点睡觉，手机就自动关机，这是个不错的办法。假如你睡眠不足，白天增加运动反而对身体有损害。我想主要总结为两点：一是得早睡，增加运动；二是将时间精力聚焦在正确的事情和重要的事情上，有计划性地达成它，对职场女性来说能做到这两点就足以超越自己了。

所以面对压力，我们有办法。看完这篇，你找到适合自己的调节压力的方法了吗？

二、突围攻略：

职场女性自我突围实战方法论

工作中我们会面临一系列对职场女性来说非常独特的阻碍，本节我将针对这些阻碍来展开，分享阻碍来临时我们可以应对的具体方法。职业能否取得成就与这些独特的阻碍相关，它们包括机会不均等，建立有效社交网络，开会时被打断，不公平薪酬，甚至性骚扰等，我会给你部分典型话题需要的信心或应对的方法论。遭遇这些阻碍的不仅仅是你一个人，希望当你遇到时能勇敢智慧的为自己发声。

女性与看不见的工作

工作中，同事求助时，大部分女性通常会不好意思拒绝。比如在会议中帮忙做会议笔记，聚会时组织开展多元化活动，同事请假时承担对方的部分工作，将工作中大量的时间为他人提供帮助，却没有得到应有的价值认可。女性在工作场所依然被视为处理各种"琐事"的首选，不管是男性请女性同事帮忙，还是女性请女性同事帮助，好像成功概率更大。女性不仅擅长多任务工作，且更愿意成就别人，因为拒绝帮助他人会被视为不合群、高傲、不近人情。女性在面对请求时不好意思拒绝，面对上司时就更不敢拒绝了，于是，部分女性便成了"办公家务"的特定人群。

当然，公司是一个团队，互帮互助是必要的，我想说的是团队之间互帮互助本身没有问题，问题是女性白白承担这类不被看见的工作，价值何在呢？有研究表明，职场大部分人希望女性多承担这类工作，却不想给予认可和相应的费用支出，又称薅羊毛。当她们拒绝时会遭到批评，其中存在一种常见的偏见是，男性不帮忙做这类工作是因为他忙，而女性不帮就是自私，这种看法不仅来自男性，还来自女性自己。存在偏见的原因在于，上司、领导层等重要高管不太注意这些工作，以为就这点事占不了几分钟，但是说的人和做的人所花的时间是两码事，这中间存在巨大差异。

假如你在会议上负责做笔记，整个过程你都必须专心做好会议记录，竖起耳朵收集重要信息，就很难深度思考，发表个人观点参与其中，你同事如果发表了好观点，在会议上展现了自身的才华被领导青睐，可能下次晋升的是他而不是你。如果你愿意一次又一次无条件、不求回报做这类不被看见的工作，大家会习以为常，肆无忌惮地将这些琐事扔给你，渐渐你就被琐事淹没了，不仅得不到大家对你的重视，你也会低估自身的工作价值，处境变得越来越糟糕。不被看见的工作就像隐形的障碍，阻碍你在职场获得更高职位，消耗更多重要工作时间，这对你升职加薪非常不利。

怎么应对呢？首先声明你做这件事情的价值，计算参与其中的贡献，让向你求助的人认识到你帮他不是免费的，你也有工作要做，这会占用你的时间。如果领导的这类工作比较多，可以提议领导招募实习生或者助理来做，也能将你放在正确的岗位上发挥更重要的价值。如果团队或其他部门同事总要你完成某些工作，你可以拓宽工作职责，将时间这样安排：每个月抽出一天时间支持；每一周抽出一个下午或两个小时支持，或者每一天抽出 20 分钟支持。不管哪一种，可以形成特定的规律，用来明确时间支出和工作职责所在。

其次要互相帮助，如果这次我工作做不过来，请求你帮助我，那么下次你工作忙的时候我会主动帮你，互帮互助，干活不累。如果是订餐、组织活动这类工作，大家轮着来，女性不要默默同意，试着让大家知道这是额外的工作，彼此分担，共同参与，不要总是充当老好人。

女性与晋升机会

据 DDI 智睿咨询《2021 全球领导力展望 | 中国》和 2019 年瑞信研究院发布的《CS Gender 3000》报告数据显示：世界 500 强 CEO 女性比例为 6.6%，中国企业核心管理层女性 CEO 占比为 6%。不管在全球，还是中国范围内，女性在企业担任高管职位依旧在少数。而在某些行业，如金融、法律、科技等领域，男性占据更多高级职位。如何来解释在领导层上的性别差距，以及如何缩小差距？

我们在职场需要做两点：一是消除对女性的误解，二是消除对女性的偏见。误解是"女性不具备领导能力，缺乏领导者的抱负、自信或远见"；偏见是公然的职场性别歧视，比如人们倾向于雇用和提拔与自己相似的人，但大部分雇用决定权是掌握在男性手中，在竞争中就会隐性地将女性排除在外，这种偏见不易觉察，甚至不为人知，在企业中大量并真实地存在。知道了偏见所在，就能掌控自己的职业发展路径，去创造想要的晋升机会，得到好的职位，争取更多的资源和支持。

身为女性，我们不会像男性那样轻易得到晋升机会，我们需要通过争取或者谈判来实现目标。如果想要得到好机会，我们必须成为自己最大的贵人，有策略有步骤地去为自己争取晋升机会。为了争取这一机会，我们需要回答两个问题：一是，为什么是我来担任这个职位？为什么是现在？二是，我能为该岗位带来哪些经验、技能和策略，证明自己就是获得晋升机会的合适人选。同时，在争取该机会前要大量且充分了解该岗位的岗位信息，了解他人在面对晋升机会时是怎么做的。

除了误解和偏见，我们需要承认，最大的敌人不是这些，而是我们自己。尽管自己会具备晋升岗位需要的大部分技能和经验，但还是有不少人选择逃避，只盯着自己不足之处越想越没自信，回避机会继续待在舒适区。其次我们还不愿意自夸，不太喜欢在职场中抛头露面，受传统文化"谦虚就是美德"的影响，很多人不愿意去曝光和展示自己的优势和成就，认为自己做的工作领导自然会看得见，事实上领导每天很忙并没有那么多心思来留意我们，我们要做的是主动汇报，主动展示，主动曝光，千万别等错过了机会再感到意外和遗憾，而是主动把控机会！确定想要的就职或晋升机会后，下一步我们制定计划去争取这个机会，做计划应该要包含 4 个要点：

（1）分析你能为职位带来的价值，这可以帮助我们回答"为什么是我"以及"为什么是现在"这两个问题。你的价值是你在岗位上实现了什么成绩，比如超额完成项目指标，KPI 达标，重要客户给出的良好反馈，采购支出没有超出预算等个人成就。这些信息你可以从数据表中得出，也可以从你满意的客户口中获得反馈，或者找到愿意替你发声的人。

（2）知道上司重视什么，他有什么工作作风和习惯是怎样的，在乎什么，这样能提前充分准备，用可以引起上司共鸣的案例或成就来陈述自己的工作价值。比如上司喜欢用数据说话，那我们就用数据展示给领导看：我有哪些工作成绩，我做了哪些重要的事件，作出了哪些贡献等与岗位相关的信息。

（3）正面自己的不足之处，诚意正心，真诚具有很大的威力，坦诚的人更容易得到信任。

做好准备计划只是良好开端的第一步，与上司谈晋升我们还要掌握方法，比如不要让上司做二选一的选择题，或者回答"是"与"否"的问题，而是多听听他的看法，从他的想法中提炼与自己想法契合的共同方案。其次，我们要注意对话的时候尽量避免给上司带来某些常规难题或者思考上的负担，这些问题需要我们提前为上司设身处地地想一想，找到好的解决方案，否则上司可能希望保持现状，你的晋升计划可能会失败。比如你想要弹性工作制，而其他同事却没有同样的期许，提出这样的问题很容易就会遭到拒绝。最后，我们尽可能以解决方案为导向。如果我晋升了我能给公司带来的好处大于现状，并且我是符合晋升条件的，不会给上司带来难题或后顾之忧，且将可能遇到的问题先预设好解决方案，那么会大大增加晋升的概率。

（4）有效应对拒绝。有时候并不是我们做好准备、提出有说服力的要求就能获得机会，晋升也许不如我们想象中来得那么容易，上司可能还是会说"你经验不足""你现在手上项目多""你现在工作做得很好，要是能坚持下去就更好了""我很需要你帮忙将手上的工作完成好，这将帮我很大的忙"等理由来委婉地拒绝你，可能对话就此陷入了僵局，毫无招架之力。这时，你需要做好准备，用有效的方式来应对这种拒绝，比如这样转折："领导，我明白您为什么这么想，但我还是想和您说一下我最近的表现……""如果我来接手这个岗位，我会这样安排我的时间……"等，就是在对话的过程中不要沉默或者直接接受了上司的提议，而是寻找更好的解决方案，这个解决方案是我可以解除上司的后顾之忧，坦诚面对可能会遇到困难的地方，以及我自己的想法和解决方案，并且把它说出来。上司都希望找一个得力的助手来帮他解决难题。如果我们能用心准备并积极应对，让谈判顺利进行，最终可以帮助自己得到心仪的晋升机会。在这里我提前祝福你取得成功!

女性与薪酬差距

男女薪酬差距真实存在。据 2021 年《中国职场性别薪酬差异报告》对比显示:女性薪酬水平始终在男性的八成上下波动,这意味着同样一份工作,假设男性时薪拿 100 元,女性却只能拿 80 元。大量研究显示,女性和男性职业能力没有差异,且女性工作表现更加稳定,但在过去几年,女性的薪酬水平始终在男性的八成上下波动。工作相同,钱却更少,这一现实对职场女性产生了长远的影响,即使换工作,薪酬差距依然存在。

假如你在当前这份工作薪酬是 8000 元,男性是 10000 元,差距为 2000 元;如果都按照跳槽涨薪 30% 计算,女性涨薪后可以拿到 10400 元,男性则是 13000,同样涨薪 30%,中间差距会是 2600元。如果下一次跳槽继续以涨薪 30% 计算,女性跳槽涨薪后可以拿到 13520 元,男性则是 16900 元,差距将会逐渐从原来的 2600 元拉高到 3380 元。你看到这其中的差距了吗?薪酬的基数不一样,同样涨薪 30%,随着时间推移和跳槽次数增多,男女薪酬差距越来越大。更现实的是,越往高层女性越少,这意味着很多女性会停滞在某一个职位区间。薪酬的差距远不止体现在你工作期间,还有你相应的社保、养老金,各种保险都将按你的薪酬基数计算,按照上面的计算方法，女性的退休金远远低于男性的退休金。

如何确定自己的薪酬是否合理？首先，找到薪酬网站，按发布职位、城市、学历和工作年限计算该岗位的平均收入以及薪资区间，做到心中有数，得出自己大致可以拿到的薪资水平在什么价位；其次去各大招聘网站看看该职位的薪水价位，找到职位的要求，看看跟自己有哪些差距，对自己有个更准确地评估；最后，弄清楚你同级别的同事、你的上级和下属的薪水大致在什么水平得出判断。当然，这些都是基于外部数据对比，还有重要的一点就是回顾自身的价值点所在，我的优势和成绩在哪里？为什么他人能拿比我更高的薪水，而我却不能？难道是他人的价值的确不可替代吗，还是我真的是薪酬差距受害者？

我的一位学员就发生过这样的事，向我寻求帮助，问我如何向领导申请加薪，因为她刚刚被提升到经理级别，但同样经理级别的她却比其他经理级别薪水更低，这让她倍感委屈。我给她的建议是，作为新手经理，在这个阶段成长更为重要，先给自己三个月的时间用来成长，同时要做出成绩被领导看见，三个月后再去向领导提加薪，这是较为正确的时机。所以全面正确评估自己的能力和了解所在公司同事的能力与薪资水平的匹配性，会给自己很好的参考意见。如果你不能很好地判断，可以求助身边的咨询师、年长的老师、朋友为你客观分析，给你更全面的参考维度。

如果你的确是薪酬差距受害者，或者像我这位学员一样，三个月后她就需要跟领导提加薪，那么接下来就要自告奋勇在岗位上作出贡献。作出贡献只是一部分，另外很重要的部分是一定要与上级多沟通，了解他对你的期待是什么，以及对齐阶段性工作目标或KPI，做到定时主动向领导汇报工作进展，要让上级知道你都在忙些什么，作出了哪些重要成绩，确保你做的所有努力能得到领导认可，这是很好地证明自己有能力胜任目前工作绩效审核的关键因素。上级领导反馈，以及了解自己工作成绩的反馈很重要，如果你在下次获得晋升机会，或在外部寻求职业发展机会面试时，领导将会是为你提供重要支持的推荐人。拿到这些成绩，再跟领导谈加薪自然会容易简单得多，加薪只是一个结果，而能否加薪全在过程上。假如你工作做得很好，不输其他男性同事，你是完全可以拿着工作成绩去跟领导谈升职加薪的。假如你不知道如何薪酬谈判，在这里我给你几个步骤：

（1）明确自己想在岗位上要什么，你是希望获得成长、晋升、关爱的氛围，还是想尝试非常有挑战性的项目……如果你不知道要什么，肯定无法很好地谈判。我们明确自己想要获得什么一定要从广泛的角度来思考薪酬，不仅是薪资部分，还有给你的福利、补贴，以及弹性的工作时间，外部培训资源，出国工作的机会，将这些纳入谈判内容中综合思考；

（2）设定自己的抱负，明确我在这家公司想要获得什么，需要满足上面哪些需求，确定好自己的抱负；

（3）评估自身的价值，你在这份工作上有什么优势和价值，作出了哪些业绩，接下来能为公司带来什么，要让领导或谈判对象看到你的价值。同时要思考一下如果双方不能达成一致性意见将会怎么样，如果上司不给加薪，你有没有了解其他工作机会或谈判备选方案？

（4）找到你的同盟，找关系好的同事为你证明你的能力和在岗位上发挥的价值，作出的成绩，以及你不可或缺的一面、受欢迎的程度等，这会为你谈判时加分；

（5）准备好被拒绝或遭遇谈判阻力，女性和男性自我推销谈判时人们会存在异样的眼光，女性自我推销时会被视为强势，男性自我推销时会被视为自信，这是一直以来隐藏在男女观念中的有色眼镜，因为还是会存在部分人无法分辨是我不喜欢强势的女性呢还是她的能力的确不匹配，而男性只需要能力匹配即可，如果比较强势自信的话反而是靠谱的象征。不管是否会遭遇拒绝和阻力，做好备用方案是保护自己的有效策略，在谈薪之前就应该准备好这一方案。

除此之外，我们要在公司倡导薪酬和晋升待遇的公平性。如果你是 HR，或者公司管理层，希望你能为女性同胞发声，倡导公平待遇，帮助同胞成长也是帮助我们自己在职场地位的提升。

女性在会议中被打断

回顾女性在职场表现时我们就能发现，会议上女性比男性发言更少，女性发言经常会受到审视，或者我们自己也会审视自己说的话是否正确，有没有表现得很棒，在讲之前犹豫不决，或者讲完后自我质疑；在会议中女性被打断的频率更高，有时候我们发表的观点还会被他人占为己有，或被他人过于热心延展开来解释，以至于我们没有机会将想法和盘而出。一旦我们无法表达自己所有想法并获得认可，就可能失去了话语权，而这一个小小的举动会影响我们在职场的表现力，这对我们自身和企业都是一种损失。我遇到过一位让我印象深刻、非常欣赏的女性高管，那次我们在同一个会议上讨论项目，她用那种不卑不亢的神态表达观点，哪怕有人插话进来她依然平静礼貌地跟对方说"先听我说完好吗"，然后她不留余地地继续说，直到把想法表述完毕。会议中她勇敢表达自己不同的观点，并说出为什么要这么做的理由，或者对别人的观点表达自己的看法，给人耳目一新的感觉，我心里肃然起敬，她的这种做法很值得我们学习。如果在会议中担心被打断，我们可以有这样的突围策略：

（1）先列出你想在会议中提出的观点，并列好大纲，明确自己想要表达什么。

（2）开会前先找到同盟，告诉他你的期望，当有人打断你时有他帮你救场，并引导其他人也能支持你。通过提前与同盟沟通获得支持，同盟就可以在会议中支持你的想法，并强化你的想法，比如让他回应"这个方案不错""这一点很有道理""我同意／支持／赞成你的方案"，等等。

（3）如果有人试图打断你，你可以像前面我举例的高管那样说"先听我说完好吗"，或者"谢谢你给我几分钟，我先说完我的观点"

"你的观点不错，等会儿我们再来讨论""我还有些重要的观点要说，还需要几分钟""我还没说完，请让我说完"等，有人不断插话时，你可以这样应对，当然，你要对自己说的内容有信心才行。

还有一个好办法是角色扮演，互相支持。当有人被打断时，可以帮她说话，"请让她先把话说完""你的想法很重要，我们一个个来说"，建议大家不要打断发言秩序。也可以找到适合的女同事有策略地互相帮助，形成一个小团队，在会议前进行充分的交流，再在会议中打配合，做解释，帮助你强化观点，鼓励其他同事，以及维持会议秩序。会后，你可以与不断插话的人谈谈，可能他们并没有意识到自己的行为。

女性与双重束缚

女性在职场会无形受到双重束缚：要么你亲和力很强，讨人喜欢，但往往会因为你太友好，太宽容，缺乏边界，别人反而不把你放在眼里，从而不去尊重你；要么你很有才华、想法，很厉害，却不太讨人喜欢。我需要对双重束缚多作一些解释：假如你正在争取某一个升职机会，因为你的强势而不讨人喜欢，让你在升职竞选时的印象大打折扣，获得的选票可能会因此减少；或者你太女性化，为了获得升职机会，你的一言一行都是为了取悦他人，这会给他人营造一种不自信的感觉，别人会因此而质疑你的能力，怀疑你是否胜任该职位。这样的偏见在希拉里·黛安·罗德姆·克林顿身上同样存在。她是一位富有争议的美国政治人物，我曾在书中看到她竞选的故事。她与前任美国总统贝拉克·侯赛因·奥巴马竞选时，大家因为她太强势和一些别的原因票数上败给了奥巴马。她的策略团队立即为她调整了形象，将她打造成亲和的老奶奶去为自己宣讲拉票，但大众的反馈是她这样的形象看起来太假了，显得不够真诚！希拉里比奥巴马能力弱吗？也不一定。但是希拉里明显遇到一个矛盾点：她有能力竞选，但大家觉得她并不可爱，给人感觉太强势了；她装成老奶奶和蔼可亲的样子又实在太假了。那大家希望希拉里变成什么样才是他们心目中的总统样子？恐怕连选民自己也不清楚，因为大家习惯了男性领导风格，潜意识中我们会对熟悉的风格感到信任和认可。那希拉里如何做才能迎合大家的投票口味或者心目中总统的样子？可能是这样的：你可以宣扬成就和能力，但不能强势；你可以果断，但更要具备合作意识。女性既要能力达标，也要风格达标，对男性却不是这样，很多女性并不败在能力上。

应对在职场的双重束缚，我们的应对策略是，将工作分为以结果为导向，以及以与人合作为导向，这是两种不同的策略。如果你的工作是以结果为导向，比如你做销售每个月要看业绩的，那么领导肯定不希望你闲着，可能会对你的业绩有所要求，施加压力等。假如你是销售部门的主管，对下属施加压力肯定不会受到下属欢迎，但你要为部门业绩负责，如果你对大家太仁义，团队容易失去斗志，那老板会认为你不适合当主管。假如有人反馈你太强势，将团队逼得太紧，过于苛刻，你需要去了解这种风格与你的工作有什么关系，将风格与工作成果挂钩，并问问谁有妥善处理过这类情况的经验并寻求指导；要么就是你的团队成员中有性格不适合做销售岗的下属，如果需要呵护型的领导，也许他们应该重新考虑一下自己的承压能力、主动性是否与该岗位匹配。如果你的工作业绩是以结果为导向，我们在工作中的风格基本原则是，将反馈尽可能与业务结果联系起来。如果你在 HR 部门，你的工作是跨团队合作，明显强势的风格不太适合用在与不同人打交道上面，这样会导致工作无法顺利开展。如果你有合作友善的意识，善于沟通，就可以推进人与人之间的合作、部门与部门之间的合作，会让团队合作更紧密更有价值。

如果说以结果为导向的风格叫作"攻"，那么跨团队合作的风格叫作"粘"，找到适合自己发挥的角色，并确定该岗位角色需要的风格后，我们就放下心来应对。因为很多人意识淡薄，给人反馈比较主观，除了自己认知欠佳，也并不清楚给他人提供的反馈是风格反馈还是工作绩效反馈，带来的影响也有好坏之分，我们需要学会分辨。

职场妈妈与偏见

在职场中，我们经常会认为理想的员工要把事业放在第一位。对职场妈妈们，大家会认为她们更关注孩子，对工作投入度不够。

有数据统计，妈妈会为每个孩子牺牲一生收入的 4%，有些妈妈远不止这些，因为家庭原因，她们可能需要在家全职相当长一段时间。尽管这是对职场妈妈们的偏见，但受影响的人群却不只是职场妈妈群体，而是所有的职场女性。因为我们都可能做妈妈，在面试时企业会问及你生育或者家庭情况，作一些背景了解，我们会面临这种微妙的挑战。

在我服务的企业女性成长项目中就有过这样的需求。一些公司里的职场妈妈经常需要出差到海外的项目工厂，如果不出差就会与项目脱节，参与率下降。出差时，孩子的生活起居可能无法照顾到，需要家人的支持。公司希望帮助她们与公司增进沟通，减少她们成为母亲后在工作中面临的平衡压力，给她们更多的关心和放心。你会发现公司文化多样，有些公司担忧女员工生育后会给公司业务造成影响，希望尽可能避免招聘育龄女性加入公司，而有些公司不仅接纳，还给刚生育的女员工更多的关爱，尽可能减少她们的担忧，在工作上给予安全感和放心。如果能遇上后面这种企业是莫大的福气，但是前者比比皆是。

企业毕竟是商业机构不是慈善机构，如果你在面临这种偏见时，我给你这些突围策略：合理地展现你的工作成果和价值。如果你不好意思这么做，可以让同事、客户帮你，告诉上司你在项目中做得好的部分。如果你有出差或外派工作，你愿意接受这类工作的话，就明确你的意向，展示你能够平衡工作与生活的一面。如果有好的机会降临，你想要争取机会，就把想法说出来。如果遇到上司根据你的家庭情况自行为你调整工作，你要是觉得不需要调整就及时与上司沟通，增加你们之间的沟通频次，而不是让对方猜测，有时候以为"对方会知道"只是我们的一厢情愿。

前面我提到的给予关心和放心的这家企业——我服务的女性成长项目公司，据我所知，她们的女性员工有不少人生了孩子马上就回到了工作岗位，这不是公司要求的，而是她们自愿的，真心想要把工作做好，希望来公司上班。你会发现，这正是这家企业的格局和魅力所在。假如你暂时性全职在家，也不要担心自己会落后，认真利用这段时间积累自身的技能，考取相关证书，梳理自己的职业生涯发展规划，做好未来一两年的成长计划表，沉下心来打磨自己，因为你会发现一旦上班你的时间就不够用了，要充分利用好这样一个机会保持成长。

我们会面临一系列这样那样经常发生的独特挑战，相信还有更多不为人知的阻碍！当我们面临阻碍时多一份信心和方法论，找到你在职场的导师、同盟军以及支持人，协助我们在职场发展得更顺利！

三、英雄之旅：
让你的人生成为高分电影

用成长跨越内心高峰

每一个成长的人，其实都经历了属于自己的"英雄之旅"。我们或多或少都有超越自己的时候，比如第一次考试取得高分，第一次生孩子，第一次得奖，第一次站在舞台上演讲，第一次升职加薪，第一次站在同事面前热泪盈眶分享地自己难以启齿的痛苦经历……跨越自己的每一次，都成为一次小小的英雄之旅，促使我们不断向上攀登，将人生串联成一部高分电影。我很喜欢《原则》的作者瑞·达利欧[1]讲述"成功的原则"。桥水基金的成功正是源自他奉行的原则，帮助他从一个普通中产阶级家庭的孩子成长为这个时代最成功的人士之一，而这一原则也适用于我们任何一个人。你想要活出自己，成为一位闪闪发光的女性，想要获得这一结果必定会经历"痛苦＋反思＝进步"这一心路历程。走什么样的人生道路，最重要的是你的决定，你是否足够想要实现你的梦想，对自己有没有信心，有没有设立好目标，心态上对自己、对未来有没有准备好全力以赴？本书的第一堂目标课关于愿景和目标我们有详细讲述过制定

1　瑞·达利欧（Ray Dalio），桥水基金的创始人，著有《原则》《债务危机》等。

路径，接下来我假设你已经有了清晰的愿景和每个阶段的目标，我想向你分享我向瑞·达利欧先生学到的成功原则，这一原则深深地影响过我。而我知道，对我来说所谓的成功不仅是活出自己的使命，更重要的是将我已经学到的知识加以实践，分享路径给你。我们依靠别人的话资源总是有限，而依靠自己则可以有源源不断的能量和力量，最重要的是我们可以具备与众不同的思考能力。

活出自己的 7 个步骤

这一原则可分解为这几个步骤，就像英雄之旅那样我们会经历高光低谷，最终突破自己，收获理想的结果，和本书倡导"活出自己"的理念相一致。我用自己的理解，结合女性的特点，用通俗易懂的语言分享给你。

第一步，开始启程，有勇气去做某件事。如果你不想过由别人主导的生活，希望获得内心上的自由，你就必须要想办法走出现有的舒适圈，敢于 Say No，你不做什么比你正在做什么更重要。

第二步，知道不想做什么以后，去思考你想走什么样的人生道路，追求你的梦想，与平庸相比我们都希望活得精彩。在知道要做什么以后想办法真正去做，去实践，在实践中获得真相，找到迭代规律。刚开始进行一项全新事物会遇到各种困难，假如你不幸跌倒了，那就站起来再走，经历"跌倒－站起来－再跌倒－再站起来"

不断循环的过程，我们的能力会变得越来越强。有时候发生错误，发现自己身上的弱点这是很正常的现象，当我们换个角度去看自己就不是什么大问题，把自己当成谜题去拆解自己。也就是把情绪放在一边，探究事情本身，比你拥有无数情绪会有效得多。把每一次痛苦看作是学习的信号和改变的机会，在痛苦的过程中去反思事情本身，一旦解决问题后我们便会获得进步。如果反思效果不理想，不妨去冥想，或者放空自己独处。在"成功的原则"中给了我们这样一条路径，我们先在心中建立起这样的逻辑框架：

追求梦想→实现梦想→拥抱现实→下定决心→获得成功

第三步，实现你的梦想，许多成功的挑战只需要经历这几个环节：

（1）知道自己的目标，了解自己的人生追求；

（2）了解阻碍你进步、实现目标的问题，把问题罗列出来；

（3）找到问题的根源，不要着急解决问题，而是反思问题本身，在过程中想想哪些细节没做好，哪里犯错了，思考一下，能列的都列出来；

（4）去思考并找出问题的解决方案；

（5）最后再执行这些解决方案。

在执行解决方案过程中，我们可能会赢得挑战，也可能会直接导致失败。随着你解决问题的能力越强，接下来能接受的挑战也就越大，跌得可能会越重。

第四步，我们可能会遭遇挫折、再次跌倒、需要拥抱现实。

瑞·达利欧先生用自己切身的经历讲述他非常惨痛的教训，他以为会事事顺利，但没想到在做过无数次正确的决定后偶然做了一次错误的决定，导致公司破产，目送身边的员工一个个离开，直至剩下他自己。他讲述了一个非常重要的原则是如何管理好自己每个决策的风险，要思考风险与回报之间的比例，做这个决策是风险大，还是回报大。假如风险大，那么是否在你能够承受的范围，比如你决定要离开职场选择创业，离开家人选择留学，离开原来的专业领域开启新的领域，如果你能承受最坏的结果，那么你可以选择审慎而冒险的态度做决定。哪怕一直做正确决定的人也会遭遇决策失误所带来的后果，比如瑞·达利欧他本人，而他的经历和总结给了我们一个非常重要的启示，就是如何拥抱现实，反思问题所在，找到更好的出路。

第五步，总结宇宙规律，找到出路。我们都是沧海一粟，生物界进化的一部分。每天 24 个小时，人活百年，这是不变的规律，宇宙从来都是生生不息永不停止。作为宇宙间的匆忙过客，有什么是值得我们从此停下脚步就此停滞不前？阻碍我们的那个人绝对是我们自己。我们的人生过得如何，最终取决于我们怎样看待世界，看待事情本身，看待我们自己。想要实现人生更大的价值就必须要冒更大的风险，而妥善平衡风险与回报是拥有最好人生的关键。我们都需要做出选择，你是按现在的样子度过安稳而平庸的一生，还是冒险穿越一片丛林去过美妙的生活？

第六步，下定决心，克服障碍。我们都没有办法独自成功，我们会存在思维盲点。当我看着前方，就没有办法同时看着后方；我看着天空，就无法同时察看脚下的水坑。我们会存在性格上的差异，有些人心中装满了框架和战略，而有些人在意细节；有些人关心理解他人，而有些人时时以事情结果为导向。假如能借他人的优势与自己的弱势互补便能将优势最大化，这时我们需要与强者为伍，借他们的才华和能量让彼此的能力发挥到极致。

第七步，努力拼搏，让自己获得成功，带领他人获得成功。你要有勇气去全力拼搏，实现最好的生活，成为宇宙间自然进化的一部分，成为促进世界美好的一分子。

成为自己生命中的英雄

这一"成功的原则"让我想到好友——钱丽霞老师，她是我的人物访谈中第 8 期嘉宾（公众号 ID：阅她女性）。她目前是一位高级职涯顾问，为很多人提供教练支持，支持他人活出真实的自己，实现人生真正的成功！她本人曾在过去近 20 年的职场生涯中做到了知名企业资深产品线的总经理，但这并未让她觉得幸福。在她职场的前 10 年，工作上的快速发展让她在人前风光，在生活中却渐渐迷失了自己。在孩子需要她的时候她总是缺席，导致婚姻亮起红灯，这让她反复问自己"我到底为什么而工作？我在追求什么？到底什么是最重要的？到底什么才是我真正可以抓住并拥有的？"她决定从工作中走出来，让自己短暂停下来，因此辞去总经理的职位进行了职业转型。

一次偶然机会，她回到校园，看到一位一身正气的老师在台上与同学们分享他如何做职场选择，台下的同学们全神贯注、渴求的眼神深深地触动了她，让她看见了曾经挣扎、迷茫、不安和孤单的自己，于是她开始了非典型的职业转型，做起了"职涯顾问"，用自己的生命去点燃他人的生命力和热情！分享给你我们的对话过程中有 3 个令我印象深刻的回答。

段芳：你是如何一步步走向自我蜕变的？

钱丽霞：我很感谢过去所有的经历，并不成功，甚至有点遗憾，但因此才塑造了真实的我！讲起来云淡风轻，但过程真不容易。自我蜕变的过程，是找自己、接纳自己、真正爱自己的过程。还有给自己足够的时间。

段芳：对你的人生来说，什么才是最圆满的？

钱丽霞：对我来说，人生的圆满不是结果，而是一个过程。是否有人因我变得有一点点不一样，而每一个生命的改变，都是一个个圆满。

段芳：怎样才算是绽放了自己，活出了自己？

钱丽霞：不再向外求，而是由内而外做自己，活出真实的、勇敢的、清醒的自己。"一切都有裂痕，这是光进入的方式"！我们每个人都有高山有低谷、有成功也有失败，这些经历才是让我们成为独一无二稀世珍宝的关键。

对于个人，真正的成功是什么？我认为是"成为自己生命旅程中的英雄，清醒知道自己要什么，并活出自己！"钱丽霞老师的内在成长实现了从"追求职业梦想→实现职业梦想→拥抱现实→下定决心职业转型→用生命支持生命获得成功"这一内心英雄之旅！

英雄之旅就像心电图一样上下波动，有高光低谷，如果你愿意，可以花点时间为自己描绘一份生动的生命地图（参见本章思考与练习），看看自己生命跳动的乐章，谱写你的人生英雄之旅！

四、持续进化：
持续进化生命的 3 种层次

　　润米咨询公司创始人刘润老师在 2021 年的年度演讲中以"进化的力量"为主题、分享了目前商业世界的规律和进化的动态，让我们明白了目前的处境，以及接下来社会发展的动态。5000 年文明历史延伸到现在，不管是从古至今，还是从宇宙到内心，我们都只是历史长河、社会推进的一粒子。"这个世界在哪里被撕裂，就会在哪里迎来一轮疯狂的生长。""未来已来，你必须拥抱。"我认为这是环境带来的压力，致使我们不得不去面对。我时常在想，如何从外部打开自己拥抱世界，又能在内心修篱种菊；如何在外部获得成就、拿到结果助力他人，又能关爱自己、拥有超然的幸福？不管在职场还是创业中，内心平衡的状态需要我们持续认识世界和生命才能获得。若要突破现状，轻松上阵，我们需要另一种生命进化的思维方式。本章我将围绕思维方式，试着向你分享我学习和领悟到的一些有关于生命、财富和心灵的一些看法。

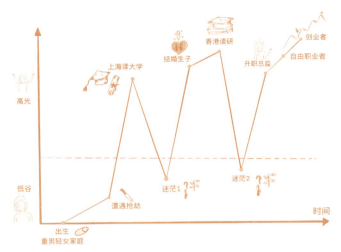

图 7-3　段芳的人生轨迹图

层次 1：生命认知的进化

　　我们由两大系统组成：物质系统和精神系统。物质组成我们肉体，精神是我们生命特有的信息。我们会发现，相同的父母生出来的孩子，他们的性格、天赋完全不同，我们每个生命都是带着独立生命信息来到这个世界，我们的起点各不相同。除了我们赖以生存的物质条件，对我们产生直接影响的是我们的世界观、人生观和价值观。这些观念指导我们的行为，怎样看待世界、人生和我们现有的工作与生活，我们成长的过程是对世界求取认知的过程。阅读本书，你也是希望获得成长，求取认知以外的信息，融合成自己独特的生命智慧。在我的理解中，"生命的本质是对世界的认识，对自己的认识，对自我的回归，对世界散播爱和能量的场域循环"。我们每一个人都生活在强烈的自我意识中，为我的事业、家庭、儿女、名誉地位、财富等所谓的"我"而奔忙。我执，是我们种种烦恼的来源，造成人与人之间不平等的根源。当我感受到了压力、委屈、愤怒、烦恼，都是因为我在内心设立了标准和尺度，一旦我与别人有差距，工作没有做好，领导教训了我一顿，分数没有达到及格线就失去了前行的勇气，感受到了压力。去想一想那些成功人士的经历。前面我们刚举例的《原则》作者瑞·达利欧，在公司一路上升时因为做了错误决策而导致公司破产；《向前一步》作者谢丽尔·桑德伯格出任 Facebook 前首席运营官，成为福布斯榜上前 50 名"最有力量"的商业女精英之一，尽管如此，她还是很不幸地遭遇了丈夫去世；还有我们熟知的美国前总统奥巴马的夫人，《成为》作者米歇尔·奥巴马，她经历过种族歧视、男女不平等的人生低谷和成为总统夫人的高光时刻；以及《人生由我》作者梅耶·马斯克遭遇家暴多年，年近古稀登上《时代周刊》。分享他们的人生经历，我们会发现没有一个人在生命进化中一帆风顺。这让我们清醒地认识到，不管我们在事业上获得成功，还是身无分文、工作没有着落，或者考试没有及格，这些东西只是暂时的，它们并不能定义我们整个人生，定义我就是一个"成功者"或者是一个"失败者"，唯一不变的是我们会拥有不断进化的生命主线，以及不同场景和结果，会带给我们的不同生命体验。如果我们不执着于结果，减少对某个需求特定的执着，从自身出发诚意正心地去做好眼下的每件事，在面对高光和低谷时多一份内在洒脱，相信我们便能够多收获一份内心的自由、面对压力时的坦然和重新出发的勇气。

层次 2：财富观的进化

财富对我来说最大的意义在于，"让自己活好，助力他人活好"。我并不是一开始就明白这一点，而是受到我身边一位企业家——乐宁教育陈开元老师他的那句话的启发，他说："人生就两件事，让自己幸福，助别人幸福。"这两年我把他的这句话也作为自己人生意义的灯塔。为什么先要让自己活好，再去助力他人活好呢？我在离开职场的第一年就犯了这样的"错误"，我帮助了很多女性，但是我不能很好地生存，也就是自己掏钱去助人，这样的境况不可持续。这位受我尊敬的企业家朋友看不下去了，他某一天把我叫出来见面，告诉我有关财富与事业之间的逻辑，建议我先把自己活好，再去助力他人，这样比较符合逻辑。这个经历给我的启发是，作为公民和社会的一分子，我们有社会责任和家庭责任要承担，如果我们连个人和家庭生活都过不好，本身就会成为社会的负担。所以，让自己活好，经济独立，是首要的事。如果你还没有做到这一点，我们就需要精进自身的专业技能，为企业或者个人提供相应的价值获取财富。你的财富不够多，从职场角度来看一方面说明你自身的专业和能力还不够强，还需要精进自己的才能；另一方面我们会受到环境的制约，企业薪资架构的制约，个人发展潜能的制约。在商业世界里，专业能力只是一个方面，只有专业能力、商业能力和财富驾驭能力（道德品德、个人修养、心灵的喜悦）三驾马车齐驱才能飞奔前进。

第二是助力他人活好。如果你有利他之心，我建议你一定要去多赚钱，拥有更多正当的财富。拥有财富之后，财富会散发能量，让你有更大的能力帮助他人，前提是我们的初衷和发心是否真正想利他。财富的来源首先应该是正当的，通过自己的能力获取的财富才会用得心安理得；其次是合理使用，它应该分为开支部分、增值部分、以备不时之需部分，以及回馈社会部分。如果不能合理使用财富会造成更多压力，给自己带来更大的限制，而合理使用的方法是物尽其用，俭朴生活，将钱花在必要和自己喜欢的地方。

财富除了物质财富还有精神财富，一味停留在物质财富追求上，我们的生命层次将永远无法提升。当我们物质财富满足基本生存时，应该多追求精神财富，拥有充实的内心世界，我们就有能力抵御外界更多的诱惑和干扰。当然，这两者同时追求并不矛盾，可以同时进行。而专注在你能发挥价值的事情上进行突围，为企业、社会和他人创造价值，不仅愉悦身心，还能造福这个世界。

层次 3：心灵的进化

人的终极成长是获得幸福和觉醒能力的成长。考量一个人的维度之一，就是看你有没有休息的能力。有休息能力，才可能拥有健康的身心。欲望使我们很忙很累，面对压力时令人崩溃，为什么休息能力那么重要呢，这其实代表一个人对"心"的管理能力。一个不会休息的人，心灵也无法自主流动，会被自己的想法和念头所掌控。心如果装满了不安、焦虑、恐惧、贪婪，就会让自己变得痛苦；既然这样，不如让自己每天过得开心一些。痛苦是因为心中存在迷惑，看不清自己，看不清职场，看不清世界；快乐是因为心中带着觉知，明知所以然，依然不被自己执着的想法所主宰，会轻松很多。

不管是在职场做领导者、做下属，还是在家做全职妈妈，我们应该用心去做，用心去感悟。要知道，我们的心，每一个念头，都是我们行动和决策的导演。所以，心灵的进化，一是在日常的工作和生活中保持觉知与意识，感知情绪的变化和对痛苦的看法；二是觉察心的念头，哪些是自己真正喜欢的事情，哪些是受外界环境影响，自己起了贪恋或是过分执着的事情，这份觉知会帮助我们更好地认识自己。心灵的进化便是清晰地认识自己，掌控自己，慢慢成为觉醒的人。

济群法师在他的《心，人生的导演》[1]一书中说道，我们有怎样

1　济群法师 . 心，人生的导演 . 苏州：戒幢佛学研究所，内部流通资料。

的心，便会导致怎样的行为，导致怎样的人生结果。很多人往往关注外在条件，如文凭、能力、资金、人际关系，却忽略了对内心的训练，面对瞬息万变的社会，我们要努力调整心行，无论遭遇得失、荣辱、挫折、障碍，皆能从容面对。将命运之舵掌握在我们手中，通过现在的努力，为未来开创良好的起点，通过心念的改善，为人生开辟美好前景。因为，心，就是我们人生的导演！

最后，引用我在 2021 年参与领英年度视频拍摄时曾在视频中说过的几句话：请不要给自己设限，顺应你的内心，去做你任何想做的事情！成长，便是勇敢追随你的内心。祝福你拥有不断成长和进化的勇气，成为那位闪闪发光、精彩的自己，这便是你留给世界最美的模样！

思考与练习：
绘制生命地图